JN192480

鳥の箱舟

絶滅から動物を守る撮影プロジェクト

ココノエインコ *(Platycercus icterotis)* LC

PHOTO ARK

JOEL SARTORE

鳥の箱舟

絶滅から動物を守る撮影プロジェクト

ジョエル・サートレイ 写真
ノア・ストリッカー 文
川上和人 日本語版監修
藤井留美 訳

上段左から右：**ナンヨウセイコウチョウ***(Erythrura trichroa)* **LC**
カノコスズメ*(Taeniopygia bichenovii)* **LC**、**サクラスズメ***(Neochmia modesta)* **LC**
シマコキン*(Lonchura castaneothorax)* **LC**、**キバシキンセイチョウ***(Poephila personata)* **LC**
中段左から右：**サクラスズメ***(Neochmia modesta)* **LC**、**コマチスズメ***(Emblema pictum)* **LC**
フヨウチョウ*(Neochmia temporalis)* **LC**、**コモンチョウ***(Neochmia ruficauda)* **LC**
下段：**コキンチョウ***(Erythrura gouldiae)* **NT**

目次

序文 / ジョエル・サートレイ 8

はじめに / ノア・ストリッカー 12

1 / 鳥という生き物 18

2 / 第一印象 48

3 / 飛翔 82

4 / 食べ物 112

5 / 次の世代 142

6 / 鳥の頭脳 176

7 / 未来 198

著者紹介 228

謝辞 229

フォト・アークとは 230

メイキング 231

各章扉の写真について 232

鳥名索引 234

シロハラカワセミ(*Corythornis leucogaster leucogaste*) LC

献身的な働きをしてくれた
レベッカ・ライト、ジェシー・グレイ、ケリ・ヘス、
クリスタ・スミス、アラナ・ジョンソンに
この本を捧げる。

この卓越したチームは、
ネブラスカ州の平原にある小さなオフィスから
世界に霊感を発信してくれた。

—— J.S.

序文／ジョエル・サートレイ

この本に登場するのは、私が見たなかでもとびきり美しい鳥たちだ。色と姿がすぐにわかるよう、背景は白か黒だけにしてある。長い時間をかけて磨きあげられた鳥たちの姿は精緻を極め、ミツスイやキジの羽毛に1本の過不足もない。

これまでヒクイドリ、バタンインコ、カンムリバトといっためずらしい鳥に驚嘆し、感動してきたが、やはり自分にとって大切なのは、自宅の裏庭で見る鳥たちだ。

米国ネブラスカ州にある私の家は、渡り鳥のルートのひとつ、セントラル・フライウェイにある。私は毎年3月になると、鳥たちを連れてくる強い南風を心待ちにする。冬のあいだ、ずっと楽しみにしていたのだ。彗星を思わせる鳥の大群は、ネブラスカの林に、牧草地に、住宅地に急降下し、はじけるように着地する。どこの給餌器も食べ物があふれんばかり。鳥たちはここで栄養を補給して仕事に励む。敵から身を守ったり、ときに攻撃したりしながら、たった数週間で営巣、産卵、孵化、子育てをすませ、また旅だっていくのだ。

うれしいことに、秋まで留まる鳥もいる。ゴシキヒワ、コマツグミ、ズアカキツツキ、ゴジュウカラ、ハシボソキツツキなどなど。お気に入りの森をめざすのは、去年も、その前も来たおなじみさんだ。

ほかの大陸から海を越えてやってきたばかりで、どうやってここを探しあてたのか？　道しるべもないのに。

ツルのように寿命の長い鳥は、親から渡りルートの目印を学習するし、太陽や星の位置、地球の磁場を頼りにする鳥もいる。でもわかっているのはせいぜいそこまで。地球をまたにかけて移動する鳥の渡りは長年研究されているが、その驚くべき精密さはいまだに謎で、わからないことが多い。

たとえばアメリカムシクイは頭のなかに星図を持っていて、それを頼りに飛行していると研究者は考える。星の見えかたは季節で異なるから、星図には秋版と春版の2種類があるはずだ。さらに行き先がアーカンソー州とネブラスカ州では、方角もちがってくる。

サンショクツバメは、生後わずか8週間で巣から飛びたち、数千キロ離れたアルゼンチンの特定の場所に移動する。

裏庭を小さなロケットのように飛びまわる鳥たちは、私たちの理解をはるかに超える叡智の持ち主なのかもしれない。

私はこの10年、人間に保護されている動物の姿を、「動物の箱舟」として世界各地で撮影してきた――動物園にいる希少種や普通種、野生動物の保護センターにいる動物、民間コレクターのおかげで絶滅を免れた動物などだ。この文章を書いている時点で、1万3000種のうち約6500種の撮影を完了している。そのなかで鳥は2000種近くを占めるから、私の偏愛ぶりがわかるというものだ。

私は子どものときから、鳥を中心に自然界と接してきた。森の最上部、林冠のどこかの枝から音楽のようなさえずりが聞こえてきて、確かめる間もなく姿を消す。そんな鳥たちは、けっして手の届かない謎めいた存在だった。

自転車で走ったり、野球をしたりしていて、鳥が飛んでいるよと教えてくれたのは父や母だったけれど、翼の生えた不思議な生き物をほんとうの意味で認識したのは、いまあなたが開いているような本を通じてだった。鮮明なフルカラーで、名前や渡りルートが克明に記された初心者向け図鑑を読みこむあまり、ページの隅は折り跡だらけになった。

アオツラミツスイ(*Entomyzon cyanotis*) LC

1960年代に入り、タイムライフブックス・シリーズの『鳥』を母が買ってくれた。その巻末近くにあったのが、リョコウバトの最後の1羽、マーサの粒子の粗い白黒写真だ。かつては数十億羽もいたリョコウバトだが、乱獲がたたり、ついにシンシナティ動物園で飼育されるマーサが最後になった。

私は何度となくその写真に見入ったものだ。さらにページをめくると、地球上から姿を消した鳥がイラストで描かれていた。ニューイングランドソウゲンライチョウ、カササギガモ、オオウミガラス、カロライナインコ……。なぜ人間は鳥たちを絶滅へと追いやったのか？　子どもの私には理解できなかったし、おとなになったいまでもそうだ。

だから新種の鳥を撮影する機会があれば、私は鳥たちの代弁者となって、その1羽に宿る輝きを世界に伝えようと全身全霊で取りくむ。二度と絶滅が起きないことを願って。

「フォト・アーク」プロジェクトの撮影を任されたことは、私の人生最大の栄誉であり、重大な責任でもある。鳥類の多くは、写真に記録され、そのストーリーを世界に届けられる最初で最後の機会となるだろう。地球上には驚くほど多彩な鳥が生息しているが、この本はそれを紹介するほんのきっかけに過ぎない。

この本に登場する鳥たちが未来に生きのこれるかどうかは、私たちしだいだ。それにはフォト・アークのような単純明快な形で、貴重な生き物を紹介することが大切だ。彼らを救うには、まず存在を知ってもらわなくてはならない。

夜明けに聞こえる鳥たちの朝の歌。悠久の時を経たそのさえずりは、恋の相手を誘ったり、なわばりを守ったりという目的をはるかに超えて響きわたる「野生の声」だ。彼らは一心不乱に、みじんの疑いもなく力いっぱい歌いあげる。これから先ずっと、その歌声は身近で聞くことができるだろう……良い世話役さえいれば。

鳥の世話役になるにはどうすればいいか？　地域の自然保護センターを支援するのはすばらしい第一歩だが、さらに行動で示すことも重要だ。庭の芝生に薬剤はいっさい使わず、地元の森や草原、湿地、小川をそのまま残したいという姿勢を明確にしよう。

良い世話役になるには努力が必要だが、その価値はある。鳥と人間の未来は、私たちが思っている以上に密接につながっている。飛躍するのも、墜落するのも一心同体なのだ。

IUCNレッドリストの表記規則について

国際自然保護連合（IUCN）は、自然資源の保護と持続可能な利用をめざす国際組織。IUCN絶滅危惧種レッドリストは、絶滅の危機に直面する動植物を網羅した最も包括的な情報源だ。対象となる動植物はいくつかのカテゴリーに分類されており、本書で紹介する鳥は名称のあとにカテゴリーを略号で示している。（＊呼称は世界自然保護基金（WWF）による）

EX ：**絶滅種**
EW：**野生絶滅種**
CR ：**近絶滅種**
EN ：**絶滅危惧種**
VU ：**危急種**
NT ：**近危急種**
LC ：**低危険種**
DD ：**情報不足種**
NE ：**未評価**

はじめに／ノア・ストリッカー

　鳥は、空気や笑い声と同じくらい身近で、どこにでもいる。海洋、山岳、砂漠、森林、赤道地帯、極地と、いないところはないほどだ。しかも人間とちがって、移動にパスポートは不要。翼を広げてはばたけば重力もなんのその、どこの国境も軽々と越える。だから、鳥は世界中で自由と愛と平和の象徴になっている。

　鳥は人類最初の芸術作品にも登場する。フランス、インド、米国テネシー州に残る洞窟壁画には、大型動物や狩人などとともに、翼のある無数の生き物が描かれている。作者の意図はわからないが、太古から人間が鳥に魅せられてきたことはたしかだ。

　鳥は人間にとって翼のある友達だ。その姿は長い歴史を通じて、主に視覚芸術の形で記録されてきた。オーストラリア北部で最近発見された壁画には、エミューの3倍もある飛べない巨鳥で、4万年前に絶滅したと思われる「ゲニオルニス」が描かれている。この推測が正しければ、壁画はゲニオルニスの姿を伝える唯一の資料であり、オーストラリア最古の芸術作品ということにもなる。素朴な絵が、はるか昔に姿を消した生き物に永遠の命を与え、さらには人類の歴史の再定義へとつながるのだ。

　たしかに画像の力は絶大だ。ジョン・ジェームズ・オーデュボンが刊行した『アメリカの鳥類』のオリジナル版は、2010年にオークションで730万ポンドで競り落とされ、当時としては世界一高価な本となった。この記録はしばらく破られなかった。オーデュボン自身は思いもよらなかっただろう。ナポレオン軍に徴兵されるのがいやで18歳で米国に渡り、事業を起こすものの失敗。1820年代から、絵具とショットガンを武器に北米各地の野生の鳥を描きはじめる。針金で標本にポーズをつけ、苦心して制作した435枚の実物大銅版画に、欧州の上流階級は魅了された。オーデュボンは「アメリカン・ウッズマン（米国の森番）」として世界的に知られるようになり、彼の博物画は200年近くたったいまも愛鳥家を魅了してやまない。

米国最大の野鳥保護団体がオーデュボンの名を冠していることは、注目に値する。彼はあくまで画家だったが、北米で初めて野鳥に足環を着ける実験を行うなど、鳥の研究を重ね、後年には野鳥が直面する脅威も指摘した。それでもオーデュボンというと、誰もがまず鳥の博物画を思いだす。

『アメリカの鳥類』は、古代の壁画と同じく、作者が意図した以上の目的を果たした。オーデュボンが描いた鳥のうち、カロライナインコ、リョコウバト、カササギガモ、オオウミガラス、エスキモーコシャクシギ、ニューイングランドソウゲンライチョウはその後、絶滅してしまった。失われて久しい世界が、絵のなかには残っている。

昨今は環境保護の意識が高まっているが、コストや政治、法律や規制にからめて論じられることが多く、肝心なことが抜けおちている。それは、鳥や自然のすばらしさはすべての人のものだということ。オーデュボンがやったように、正しい形で広く紹介する努力が必要なのだ。

野生動物のなかで鳥はいちばん観察しやすい。世界中のどこに住んでいて、どんな生活をしていても、たくさんの鳥を見ることができる。鳥は人間と同じく、視覚と聴覚が優勢な生き物だ。哺乳類、爬虫類、両生類、昆虫、海洋生物はそれ以外の感覚に頼る部分が大きい。だから鳥の行動や生態は、人間から見ても理解できるし、親しみやすい。誰もが気軽につきあえる生き物なのだ。

ケープペンギン(*Spheniscus demersus*) EN

オーデュボンの時代には、食用目的や羽毛目当て、あるいは娯楽で何百万羽という鳥が殺されていたが、さすがにもう昔話だ。1900年代初頭、米国で野生生物を保護する初の連邦法が制定され、米国野生生物保護区システムや英国王立鳥類保護協会が誕生したのも、水鳥の狩猟への批判が高まったことがきっかけだった。1960年代に入ると、農薬が鳥などの野生生物に及ぼす影響を説いたレイチェル・カーソンの『沈黙の春』が大きな反響を呼び、1970年の環境保護庁創設へとつながった。鳥類は近年でも、絶滅危惧種、生物多様性、気候変動をめぐる世界的な議論の火付け役になってきた。

すべては小さな鳥に目を奪われ、魅了されることから始まる。ささやかな霊感のきらめきが、世界を変えてしまうのだ。

野鳥観察者と一口に言っても、研究者、狩猟者、ギャンブラー、詩人、アスリート、探索者と十人十色だ。共通するのは収集家であること——鳥の観察を重ね、知識と経験を集めるのである。

私もそこから出発した。もともと切手やコイン、石、名刺、ゼイン・グレイのペーパーバックを熱心に集めていた。そして5年生のとき、担任がプラスチック製の給餌器を教室の窓ガラスに吸盤で貼りつけたのをきっかけに、鳥の観察もするようになった。

鳥は人間のこだわりを刺激する。ほとんどの鳥は、独特の生態や外見で明確に分類することができる。野鳥観察者が最初に学ぶのは、場所選びをまちがうとお目当ての鳥には出会えないということ。手がかりを頼りに道を探る宝探しと同じだ。

研究者はさまざまな方法で鳥の目録づくりに励んできた。ラテン語を使うカール・リンネの二名法は、ありとあらゆる生物の名前づけに活用されている。昨

メキシコマシコ(*Haemorhous mexicanus*) LC

今は、どんなにめずらしい種類でもちゃんと観察図鑑がある。鳥の世界を扱いやすく分割して、数値化する試みも行われている。自然はあまりに壮大なので、細かい部分に分け、それを順序よく並べて意味のあるストーリーにするのが人間のやりかただ。

子ども時代のこだわりはますます強くなり、私は立派な鳥オタクへと成長した。いくつもの野外調査に参加して、強風が吹きあれる島やじっとり暑い雨林で何カ月も過ごす生活が何年も続いた。それでも鳥の新種に出会ったときの興奮は少しも変わらない。しかしやがて、地球上に生息する鳥の種類はあまりに多く、自分に与えられた時間はあまりに短いことに気づいた。こうして2015年、28歳の私は独自の目録をつくろうと決めた。地球が太陽のまわりを一周するあいだに、可能なかぎり多くの種類の鳥を記録するのだ。

これはとんでもない挑戦だった。1年間に1日も休むことなく、7大陸41カ国をめぐった。予算はぎりぎりなので、寝るのはベンチや移動中の飛行機、あるいはジャングル。それも寝る時間があればの話だ。明るい時間を最大限に活用するため、夜間に移動し、夜明け前に起床する。世界中の愛鳥家たちの協力もあり、私は6042種類の鳥を記録することに成功した。睡眠中をのぞけば、1時間に1種類のペースだ。これは地球上に生息するすべての鳥の半分以上にもなり、もちろん世界新記録だった。

自分の心境の変化に気づいたのは、帰国してからだ。重要なのは数字や記録ではなく、挑戦したこと。それは、1800年代初頭に米国の鳥を次々と描いたオーデュボンとも重なる。私はひたすら鳥を追いながら、多くの人が一生かかってもできない距離を移動した。しかもその旅を1年間に凝縮したことで、現代世界に生きる鳥たちを新しい視点で見ることができた。

熱帯を旅すると、焼き畑農業、アブラヤシのプランテーション、大規模伐採で森林が急速に破壊されている現実に悄然とする。アフリカやアジアでは、爆発的に増える人口が鳥の生息環境を踏みにじるのを目の当たりにした。気候変動が環境に与える影響も実感した。行く先々で、急に天気が読めなくなったという声が聞かれるのだ。こうした変化は、人間だけでなく鳥の生活も脅かしている。

そのいっぽうで、中国、ボルネオ、ケニア、ブラジル、グアテマラなど、野鳥観察がさほど根づいていない国で、意外にも愛好家がさかんに交流していた。インターネットやデジタルカメラといった最新技術のおかげもあって、10年ほど前から野鳥観察に新しい世代が加わるようになった。遠く離れた者どうしが同好の士としてつながり、鳥を愛で、保護する新しい方法に知恵を絞っている。かつては好事家だけの楽しみだったのに、いつのまにか国際的な趣味へと変貌を遂げたのだ。

デジタル時代が自然回帰に拍車をかけたのは奇妙な話だ。ゲーム漬けの反動なのか、最新技術が可能にした新しい潮流なのか。いずれにしても、いまたくさんの人がそれぞれの方法で鳥との出会いを果たしている。鳥たちの未来はかつてないほど不透明なのに、鳥たちを気づかう人間がかつてないほど増えている。旅を終えた私は楽観的だった。痛々しいニュースの向こうに、自然を心から案じるたくさんの人がいたからだ。

長旅のあと、そんなことを考えているうちに形になったのが、いまあなたが手にしているこの本だ。

ジョエル・サートレイが撮影した、世界各地で飼育されている鳥たちの写真はどれも目の前にいるようだ。自然界にいる鳥は動きがすばやく、接近することもままならない。「失敗フィルムの山を築く名手」だと友人は言った。

鳥をクローズアップで見ると、人間にしかないと思っていた特徴——表情、気分、個性——がちゃんとあることに気づく。恥ずかしがっていたり、好奇心いっぱいだったり、あるいはただ腹ぺこだったり。ケープペンギンは「魚、持ってませんか？」と丁重にたずねているようだし、メキシコマシコは得意げにポーズを決める。

そんな解釈はただの擬人化で、写真を撮られ、出版されることなど知りえない動物たちに勝手な考えを投影しているだけかもしれない。けれども鳥は明らかに、人間に近い感情を出している。それを否定するのは、人間にできても動物には無理という先入観だ。どうかこの本に出てくる鳥たちの感情を、思う存分読みとってほしい。

読者はジョエルのみごとな写真を見るにつけ、驚嘆せずにはいられないだろう。野生ではめったに見られない希少な鳥、ソコロナゲキバトのように飼育下でしか生存していない鳥の姿を伝える貴重な記録にもなっている。だが大半は自然環境に定着し、世界中に分布している鳥たちだ。彼らとたしかに世界を共有できていると思うと心強い。

飼育下にある動物をすべて写真におさめるというジョエルの野心的な試みに、心から賞賛を贈りたい。ジョエルこそ、自然の驚異を間近に見せてくれる現代のオーデュボンだ。

この本の鳥たちを、じっと眺めてみよう。ほんの数十センチ先から、向こうも見つめかえしてくれるはずだ。

オオキアシシギ *(Tringa melanoleuca)* LC

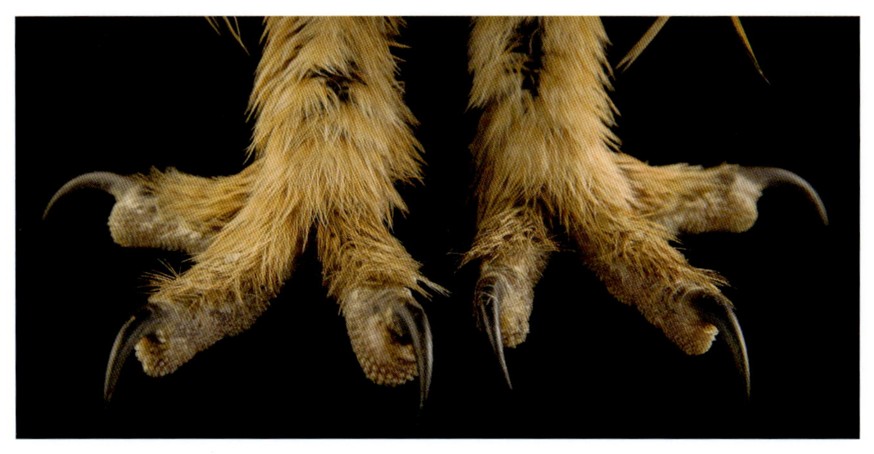

1 / 鳥という生き物

進化 / 固有性 / 多様性

完璧な鳥をつくるには

目を奪う色彩、美しいさえずり、飛翔能力、何千キロも移動できる驚異のスタミナ――鳥はまさに自然界の看板役者だ。鳥と人間は共通点が多いと聞くと想像がふくらむが、実際両者のDNAは約6割が重なっている。そのため免疫力や細胞構造など、鳥の研究が人間の理解にも役だっている。

だが残り4割のDNAのせいで、鳥と人間は大きく異なっている。多くの鳥は飛行と敏捷性に特化して、軽量化・高速化の方向へ適応してきた。何百万年もかけた進化の結果、骨格は羽毛の総重量さえも下回る超軽量になったし、肺の効率がばつぐんに良くなり、消化系も合理化を突きつめて膀胱がなくなった。空中を移動する生活に合わせて、視覚と聴覚、それに反射神経に磨きがかかった。それにひきかえ、私たちはなんと鈍くさいことか。

鳥の研究は身体面――その発達、特徴、多様性――から始まった。彼らのことを深く知るには、内側にも目を向ける必要がある。

カンムリエボシドリ *(Corythaeola cristata)* LC

アフリカ西部・中央部原産の色あざやかな鳥。
体長は90センチほどあるのに、体重は1キロに満たない。

リオグランデシチメンチョウ*(Meleagris gallopavo intermedia)* LC

鳥は基本的に消化効率が良い。
リオグランデシチメンチョウも、
食べたものを排泄するのに
4時間もかからない。

アフリカオオコノハズク*(Ptilopsis leucotis)* LC

中央アフリカに生息するフクロウ。
くぼんだ顔盤が
パラボラアンテナの役割を果たし、
周囲の音を正確に拾う。

生きた恐竜

小惑星が地球に激突した6600万年前、恐竜は全滅した──ただひとつ、翼と羽毛を持つ種類をのぞいては。その流れを汲む生き物を私たちは鳥と呼ぶ。鳥は最後の生きた恐竜なのだ。

鳥の祖先は、恐竜の一種である獣脚類（じゅうきゃくるい）だ。ティラノサウルス、ベロキラプトルもここに入る。恐竜と現生鳥類の中間的な存在であるアーケオプテリクス（始祖鳥）は、1億5000万年前の化石がドイツで見つかっているが、大きさはカラスほどで、鉤爪と歯があり、骨の通った尾と、風切羽を持っていた。最近ミャンマーで発見された琥珀には、9900万年前の羽毛がある恐竜の尾が閉じこめられている。

現在生息している鳥で最も原始的なのはダチョウで、さらにレア、シギダチョウ、キーウィ、エミュー、ヒクイドリといった飛べない鳥が続く。大きくて頑丈で、堂々としたその姿は現代の恐竜と呼ぶにふさわしい。

ヒクイドリ *(Casuarius casuarius)* LC

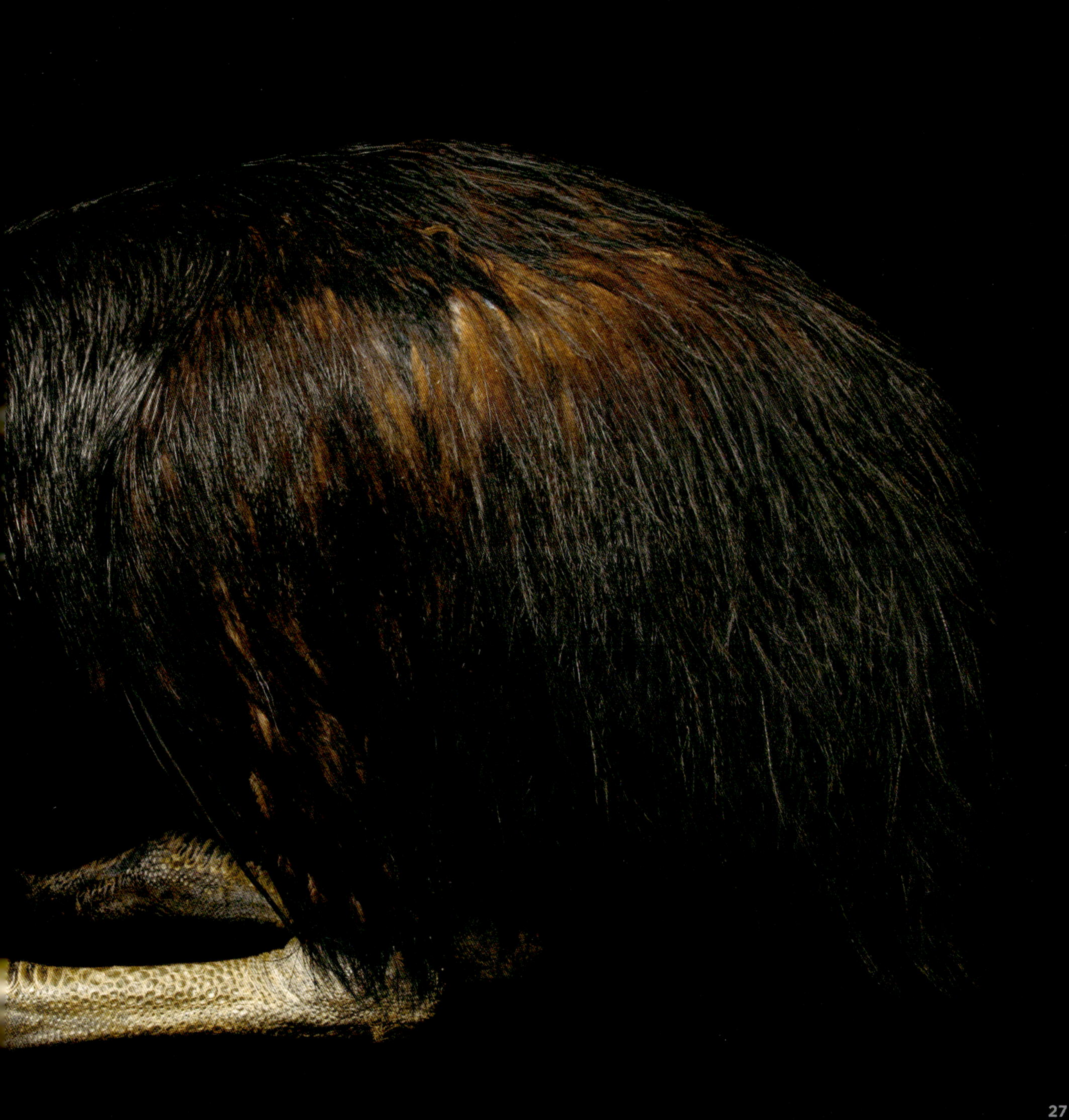

オオシギダチョウ*(Tinamus major castaneiceps)* **NT**

南米大陸に広く見られる中型の鳥。現生鳥類のなかで最も原始的な鳥のひとつだ。

カンムリシギダチョウ*(Eudromia elegans)* **LC**

頭の冠羽からこの名がついた。
1日の大半は丈の低い茂みで食べ物を探しまわっている。

これもハト、あれもハト

ハトは世界で351種を数える繁栄ぶりで、華やかな色、飾りのような冠羽、くちばしのコブなど、都会で見かけるハトからは想像もつかないほど多様だ。

左ページ：
カンムリバト(*Goura cristata*) VU
上左から時計回り：
シロボウシバト(*Patagioenas leucocephala*) **NT**
タンブラーピジョン(*Columba livia*)（飼養）LC
クジャクバト(*Columba livia*)（飼養）LC、**ウスユキバト**(*Geopelia cuneata*) LC
アカコブバト(*Ducula rubricera*) **NT**、**ミノバト**(*Caloenas nicobarica*) **NT**

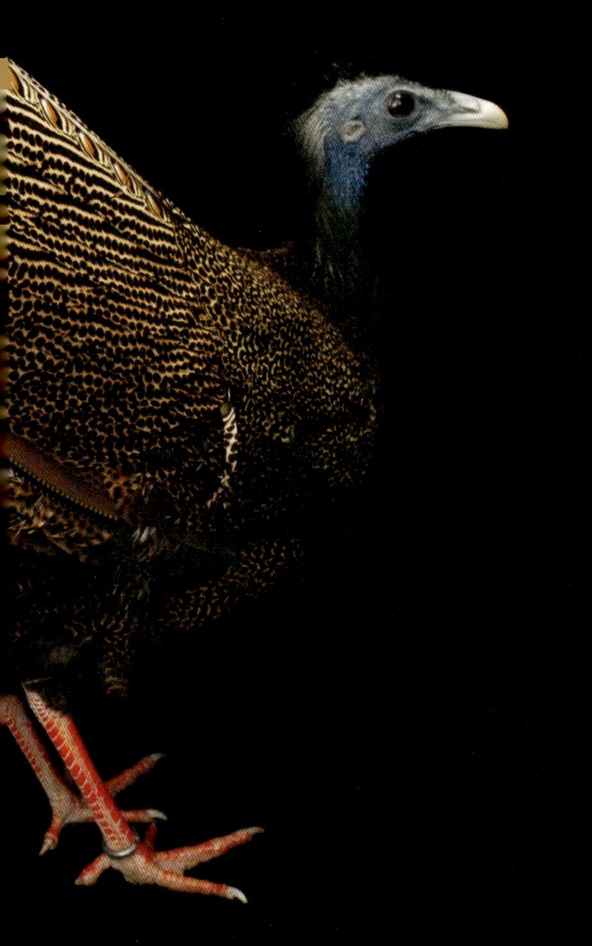

鳥はなぜ鳥なのか？

　鳥類は生物学的に脊索動物門の鳥綱に属し、身体的に共通する特徴がある。
　一目見てわかるのは羽毛だろう。その他にも歯のないくちばし、叉骨（さこつ）、竜骨突起、2心房2心室の心臓、鱗におおわれた2本の脚、翼に変化した前肢を持ち、温血で、代謝効率が高く、殻の固い卵を産む。
　卵のなかの胎児はなぜか発生初期の哺乳動物や魚に似ていて、主要な器官が発達するとしだいに鳥らしくなる。孵化したひなは――種類によってはまだ羽毛はないが――誰が見ても立派な鳥で、ほかの生き物とは一線を画した姿でこの世界に登場する。

セイラン*(Argusianus argus argus)* NT

ニヨオウインコ(*Guaruba guarouba*) **VU**

写真のひなも、成長とともに羽鞘(うしょう)ができて羽毛が発達する。

ミノバト(*Caloenas nicobarica*) NT

このミノバトのように、鳥のひなは先史時代の生き物を思わせる。

キンケイ(*Chrysolophus pictus*) LC

成熟したオスは、光沢ある赤と金を基調に華やかな色彩になる。

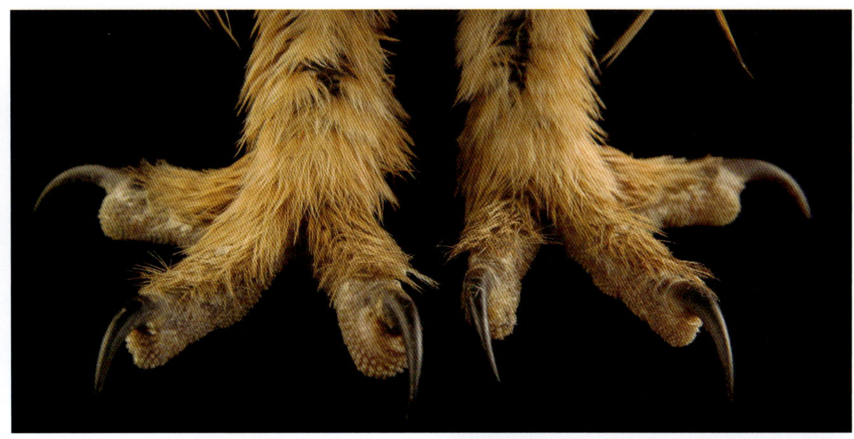

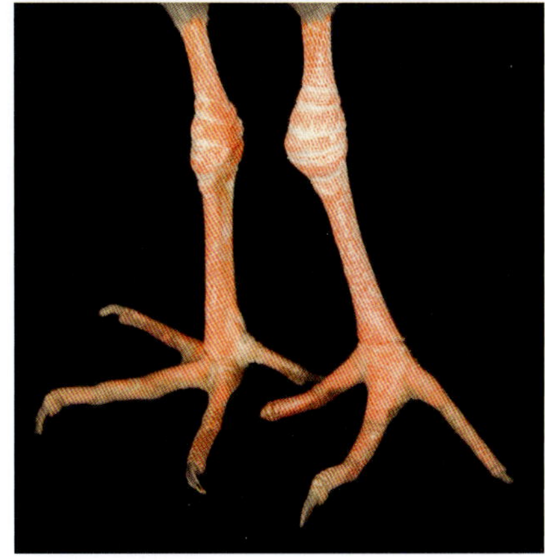

自分の足で

形も大きさもさまざまな鳥の足。足首の関節は人間でいうとひざのほうにあるため、歩行は言ってみればつま先立ちだ。

左ページ：
ベニジュケイ(*Tragopan temminckii*) LC
上左から時計回り：
チリーフラミンゴ(*Phoenicopterus chilensis*) **NT**
タテジマフクロウ(*Asio clamator*) LC
カンムリサケビドリ(*Chauna torquata*) LC
ハジロカイツブリ(*Podiceps nigricollis*) LC
ニワトリ(*Gallus gallus*) LC

種類も数も豊富

最新のデータでは、地球上に生息する鳥は約1万500種――哺乳類、爬虫類、両生類より多い。しかも熱帯から氷点下の極地まで、地球上のあらゆる場所に生息している。

鳥類は36目に分かれ、その下に242科が存在する。種類がとくに多いのはタイランチョウ科（450種）、フウキンチョウ科（409種）、ハチドリ科（369種）だ。１種だけで構成される科も34あり、なかには風変わりな鳥もいる。ハシビロコウは破壊力抜群のくちばしを持つ。アフリカにいるヘビクイワシは、胴体はワシ、脚はツルのようで、毒ヘビを踏みつけて食べる。南米の洞窟にすむアブラヨタカは、コウモリと同じく反響定位ができる。

地球上に生息する鳥は2000億～4000億羽だ。野生種で最も数が多いのはアフリカのコウヨウチョウという小さな鳥で、数十億羽とも言われる。途方もない数だが、それは鳥の多彩ですばらしい世界のごく一端を伝えるに過ぎない。

ハシビロコウ(*Balaeniceps rex*) VU

ヘビクイワシ(*Sagittarius serpentarius*) VU

長い脚はアフリカの草原を歩き回るのに適している。

ツノメドリ *(Fratercula corniculata)* LC

ツノメドリはウミスズメやウミガラスの仲間。
特大のくちばしで海の小魚を捕まえる。

顔、顔、顔

多くの鳥は目が頭の側面近くに位置しているため、視野がとても広い。アメリカオシはほぼ360度見渡すことができる。フクロウの目は顔の正面にあるので、双眼視で奥行きを正確に把握できるが、背後を見るには首を回さなくてはならない。

左ページ、上左から時計回り：
ミナミイワトビペンギン(*Eudyptes chrysocome*) VU、**アカノガンモドキ**(*Cariama cristata*) LC
アメリカチョウゲンボウ(*Falco sparverius*) LC、**アメリカオシ**(*Aix sponsa*) LC
ホオジロエボシドリ(*Tauraco leucotis leucotis*) LC
上左から時計回り：
アメリカシロヅル(*Grus americana*) EN、**クロワシミミズク**(*Bubo lacteus*) LC
ミヤマオウム(*Nestor notabilis*) EN

フサホロホロチョウ(*Acryllium vulturinum*) LC

頭部と頸部の皮膚が露出しているのが特徴。
アフリカ北東部の大草原に生息する。

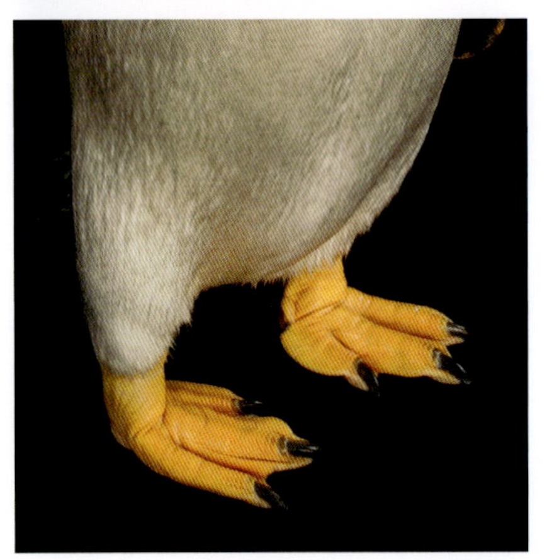

2 / 第一印象

速さ / 大きさ / 形 / 色

鳥を見る

鳥はじっとしていないことが多い。だから鳥を見るといっても、羽ばたきとともに色づいた何かが一瞬で視界を通りすぎるだけ。頭のなかで描く絵と同じで、とらえどころがない。

昔は標本を針金で固定して調べたり、絵を描いたりしていたが、現代はカメラや双眼鏡で自然界にいる野生の鳥を観察するのも容易になった。慣れた人なら、「全体の印象、大きさ、形」をもとにすぐ種類を特定できる。つまりは物体識別ということだが、ちょっとした特徴だけで言いあてる離れわざには感服だ。

鳥の姿をちらっと目にしただけでも、速度、大きさ、形、色といった情報は手に入るし、それだけで種類がわかることもある。

カンムリヅル*(Balearica pavonina)* VU

サハラ以南のアフリカに生息するカンムリヅルは、ピンク色の頬と金色の冠羽がとても目立つ。

左から：**アサギリチョウ**(*Estrilda caerulescens*) LC
ルリガシラセイキチョウ(*Uraeginthus cyanocephalus*) LC
オオイッコウチョウ(*Amadina erythrocephala*) LC、**キンセイチョウ**(*Poephila cincta cincta*) LC

フィンチの仲間は大きさはだいたい同じでも色は個性的だ。

インドクジャク(*Pavo cristatus*) LC

派手な色彩の尾は仲間のクジャクだけでなく人間からも注目される。

全速力で空を駆ける

自然の力を借りることもあるが、翼のひと振りだけで最高速度に到達できる鳥もいる。力強く飛翔する猛禽から、優雅に空を舞う小鳥まで、鳥の動きにはいささかのむだもない。

ハイガシラアホウドリは、南極圏の暴風時に平均時速127キロで9時間連続飛行したことがわかっている。葉巻ほどの体長で、翼も細長いヨーロッパアマツバメは時速112キロを出した記録があり、重力や風の助けを借りない自力飛行としては最も速い。世界最速の称号にふさわしいのはハヤブサで、急降下では時速390キロを叩きだす。極北に生息するシロハヤブサは、狩りのときは時速160キロ以上で飛びつづける。

反対に飛ぶのがいちばん遅い鳥は、アメリカヤマシギかもしれない。時速わずか8キロだが、失速して落ちたりはしない。飛べない鳥では、ペンギンの歩行は時速3キロ足らずだ。ただしペンギンの脚は頑強で、何キロも休みなく歩くことができる。

シロハヤブサ*(Falco rusticolus)* LC

ジェンツーペンギン(*Pygoscelis papua*) LC

ペンギンの足は、氷の上でもすべらないよう肉厚でざらざらしている。
ジェンツーペンギンの脚はとても短いが、体力を消耗することなく何キロも歩くことができる。

チゴハヤブサ(*Falco subbuteo*) LC

空中での機動性を最大限に高めるため、
翼は鋭角三角形になっている。

イヌワシ*(Aquila chrysaetos)* LC

離れた獲物に向かって急降下するときは、
時速240キロにもなる。

ダチョウ(*Struthio camelus*) LC

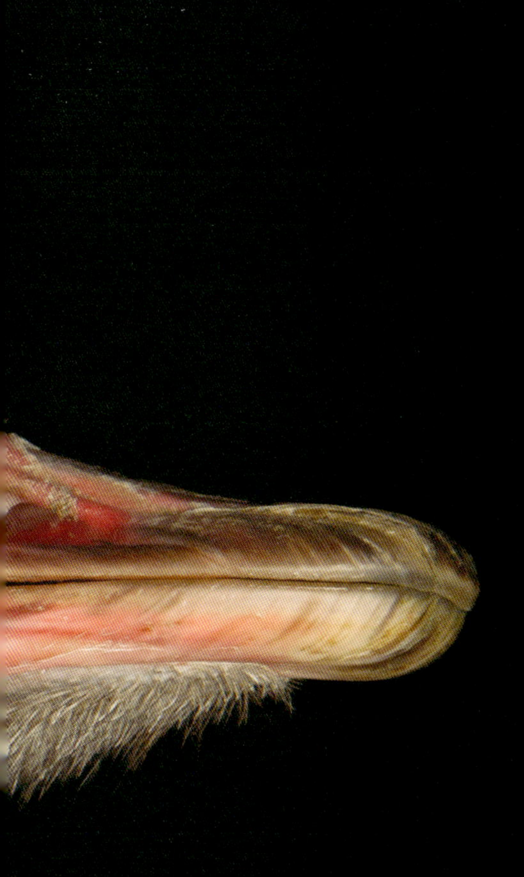

大きい鳥、小さい鳥

体高270センチ、体重135キロにもなるダチョウは現生鳥類で最大級だ。卵も重さ1.4キロと最大で、自身の脳よりも大きい眼球はビリヤードの球と同じぐらい。全速力で走っているときの歩幅は4.5メートルになる。

すべてがビッグサイズのダチョウだが、かつてマダガスカルにはそれをはるかにしのぐ巨鳥がいた。体重500キロもある象鳥(エピオルニス)で、17世紀に絶滅している。

反対に最小の鳥はキューバに生息するマメハチドリで、体重わずか2グラムと、米国の10セント硬貨と同じだ。卵はコーヒー豆ぐらい。おおむね鳥は見た目の印象より体重が軽い。アメリカコガラは重さが15グラム前後なので、米国内で送るなら第一種郵便の定形内料金におさまる。

キボシホウセキドリ *(Pardalotus striatus)* LC

脚も首も長い

浅瀬を歩きまわる鳥は脚が長く、水中の食べ物をついばむので首も長い。

上左から時計回り：
カナダヅル(*Antigone canadensis*) LC
マナヅル(*Antigone vipio*) VU
コウノトリ(*Ciconia boyciana*) EN
右ページ：
アフリカトキコウ(*Mycteria ibis*) LC

イナゴヒメドリ*(Ammodramus savannarum)* LC

小鳥の身体は繊細なので、慎重に扱う必要がある。
しかし生命力は強靭で、このイナゴヒメドリは
氷点下の嵐をものともせず数百キロ移動する。

キゴシヒメゴシキドリ*(Pogoniulus bilineatus)* LC

おとなの小指ほどの大きさしかないキゴシヒメゴシキドリは、
一生のほとんどを単独で過ごす。

ノースアイランドブラウンキーウィ *(Apteryx mantelli)* VU

個性的な姿

鳥は色だけでなく姿も個性的だ。たとえばこのキーウィ。茶色い鳥は世界に何百種といるが、キーウィのかがみこむような姿はひと目でわかる。

細長いS字カーブを描くサギや、足の趾（ゆび）が極端に長いレンカクなど、鳥の形状は実に多様だ。見た目の大きさとちがって、形状は遠くからでもすぐにわかる。また鳥の外見的な特徴は、自身の身体と比較して語られることが多い。たとえばベニコンゴウインコのくちばしは、自分の頭とほぼ同じ縦幅だし、カッショクペリカンのくちばしは体長の4分の1を占める。

鳥のくちばしは生態に応じて多様に変化する。腕や手を持たない鳥は、食事や運搬、羽づくろい、さらには戦いまですべてくちばしでこなす。その鳥の進化と生存の歴史が詰まっているくちばしは、人間が研究するときにも大いに役に立つ。

ダルマワシ(*Terathopius ecaudatus*) NT

両翼を広げたとき、尾羽がほぼすっぽり隠れる。
アフリカの猛禽のなかでもめずらしい姿だ。

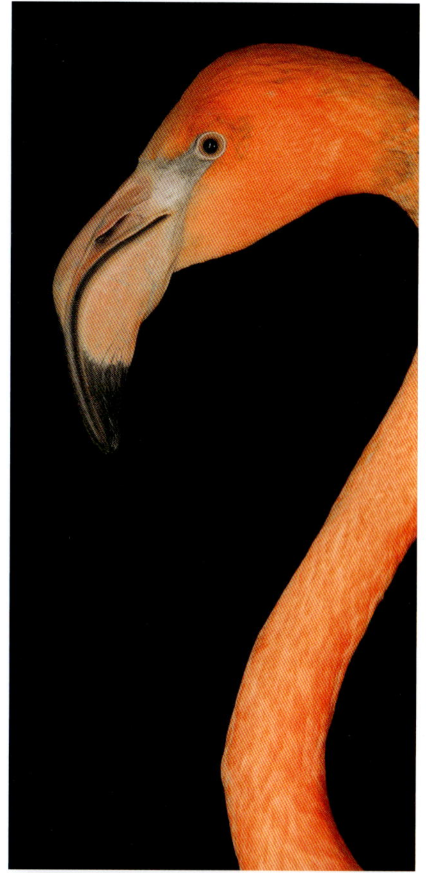

くちばし十態

鳥のくちばしは、主に食生活によって形も色も変化している。魚をとるくちばし、飲みこみやすいよう咽頭嚢（いんとうのう）がついたくちばし、濾し器の役目を果たすくちばし、堅い木の実を割るくちばし、ふるい分けができるくちばし、ストローのようなくちばし、食べ物を裂ける鉤（かぎ）状のくちばしと、いろいろだ。

左ページ、上左から時計回り：
オシドリ(*Aix galericulata*) LC、**フクロウオウム**(*Strigops habroptila*) CR
コンドル(*Vultur gryphus*) NT、**ダイサギ**(*Ardea alba*) LC
アフリカヘラサギ(*Platalea alba*) LC、**ホオダレホウカンチョウ**(*Crax globulosa*) EN
ペルーペリカン(*Pelecanus thagus*) NT
上左から時計回り：**サイチョウ**(*Buceros rhinoceros*) NT
エトピリカ(*Fratercula cirrhata*) LC、**ベニイロフラミンゴ**(*Phoenicopterus ruber*) LC
ムネアカイカル(*Pheucticus ludovicianus*) LC、**フタオビチュウハシ**(*Pteroglossus pluricinctus*) LC

オーストラリアガマグチヨタカ(*Podargus strigoides*) LC

オーストラリアではフクロウとまちがえられることもあるが、
幅広の独特なくちばしで区別がつく。

ナンベイレンカク*(Jacana jacana hypomelaena)* LC

不釣り合いに長い脚と趾のおかげで、
水面に浮かぶ葉の上をうまく移動できる。

ニジキジ*(Lophophorus impejanus)* LC

生命の色

ヒトの網膜には3種類の錐体細胞があって、それぞれ赤、緑、青に反応する。しかし鳥の網膜には第4の錐体細胞が存在し、紫外線まで見ることができる。要するに色覚の次元が異なるのだ。色調の微妙な差を区別できる鳥も多く、自ら華やかな色をまとうのも不思議ではないだろう。

あざやかな色彩は異性を惹きつけるし、くすんだ色は周囲に溶けこみやすい。派手な色の鳥は営巣に関わらず、地味なつがい相手に任せる。羽毛の色は、メラニン(黒や茶)とカロテノイド(赤、オレンジ、黄)といった色素の組みあわせによるものだが、青系のすべての色と一部の緑は、光のなせるわざだ。青い羽毛でも、手前ではなく背後に光源があると茶色に見える。

ハチドリなど虹色の光沢が目を惹く鳥は、微小な小羽枝(しょううし)がプリズムのように光を屈折させ、一定の角度で当たる太陽光線だけをとらえる仕組みになっている。

華やかな顔ぶれ

上左から時計回り：
ベニコンゴウインコ(*Ara chloropterus*) LC
アカボウシインコ(*Amazona rhodocorytha*) VU
オトメズグロインコ(*Lorius lory*) LC
ルリコンゴウインコ(*Ara ararauna*) LC
キモモシロハラインコ(*Pionites xanthomerius*) LC
モモイロインコ(*Eolophus roseicapilla*) LC
キホオボウシインコ(*Amazona autumnalis*) LC
中央：
スミレコンゴウインコ(*Anodorhynchushyacinthinus*) VU
右ページ：
アカハラワカバインコ(*Neophema chrysogaster*) CR

ショウジョウトキ*(Eudocimus ruber)* LC

目を疑うほどあざやかな朱色は、カロテノイドを豊富に含むエビなどの甲殻類を主食としているためだ。

3 / 飛翔

羽毛 / 飛行スタイル / 群れ / 渡り

空に向かって

地面を蹴って大空を飛ぶことは人間のあこがれだ。特殊能力が持てるとしたら、テレパシー、透明人間、不老不死、時間移動などを抑えて、多くの人が飛行能力を選ぶだろう。おもしろいことに、ほかの能力とちがってこれだけは現実に存在する。そう、鳥がいつもやっていることだ。

もし鳥のように空を飛べたなら——視野が広がって、俗世の雑事にとらわれなくなるかも。翼を大きく広げることで、無限の愛を詩的に表現できる。なにより空を飛ぶことは重力からの解放でもある。

ただ鳥にしてみれば、飛ぶことはA地点からB地点に行くための現実的な移動手段でしかない。現生鳥類の約99.5パーセントは飛行能力を有し、ペンギンやキーウィといったわずかな例外も、祖先は空を飛んでいたと考えられる。

羽毛の進化、身体の運動性、社会行動、長距離移動など、鳥としての特徴にはかならず飛行能力が関わっている。

オニアジサシ(*Hydroprogne caspia*) LC

アジサシのなかで最大の鳥。飛翔力があるため、最大1万羽で構成される営巣地が世界中に分布する。

ヒゲペンギン*(Pygoscelis antarcticus)* LC

鳥のほとんどは空を飛べる。南極大陸のヒゲペンギンのような飛べない鳥も、
祖先は空を飛んでいたと考えられる。

羽毛の不思議

羽毛のある生き物が地球上に現れたのは何千年も前のこと。その理由はまだわかっていない。鳥の登場よりはるか昔、恐竜にも羽毛が生えていたことは化石で確認されており、断熱、色の効果、バランス、防御といった目的があったと考えられる。

鳥が初めて翼を手に入れたのは、勢いをつけて斜面を楽に駆けあがるため、それともムササビのように滑空するためだろうか？　あるいはほかの理由かもしれない。飛行能力の発達に関しては諸説あり、いまも活発な議論が続いている。

進化を遂げた現在の羽毛は、軽量でありながら耐久性と柔軟性、弾力性に富む。羽毛は両翼で揚力を生みだすだけでなく、体温を調節し、水をはじき、カモフラージュにもなる。求愛行動のとき、美しい羽毛を大きく広げて誇示する鳥もいる。

アカカザリフウチョウ(*Paradisaea raggiana*) LC

メンフクロウ*(Tyto alba deroepstorffi)* LC

片翼を広げたメンフクロウ。
夜に飛んでも、ほとんど音が立たない羽毛になっている。

ホンケワタガモ*(Somateria mollissima dresseri)* **NT**

北極地方に営巣するため、羽毛を密集させて体温を維持している。
羽毛の軽さと温かさは合成素材の比ではなく、高価で珍重される。

華やかな冠羽

オウムの仲間は冠羽が特徴的だ。知能の高い彼らは、冠羽を自由に上下させて意思や感情を伝えることもできる。冠羽は手の込んだ求愛行動に欠かせない小道具であり、身体を大きく見せて敵を撃退するときにも冠羽は活躍する。

左ページ：
テンジクバタン(*Cacatua tenuirostris*) LC
上左から時計回り：
キバタン(*Cacatua galerita*) LC
オカメインコ(*Nymphicus hollandicus*) LC
ヤシオウム(*Probosciger aterrimus*) LC
アカサカオウム(*Callocephalon fimbriatum*) LC
コバタン(*Cacatua sulphurea*) CR

飛行スタイル

バレリーナさながらに優美に舞う鳥もいれば、アメフト選手のように猛然と突進する鳥もいる。飛びかたに応じて翼の動かしかたも変化するが、鳥は状況に応じて何通りかの飛びかたを使いわけている。

鳥の飛行スタイルは翼の形状から判断できる。欧州で営巣し、一生のほとんどを空中で過ごすヨーロッパアマツバメの翼は細くて長い――弱い気流でも滑空できるよう、「アスペクト比」が大きくなっている。一部のタカや鳴禽など深い森を飛ぶ鳥は、運動性を高め、衝突を避けられるように翼も太くなっている。

カモは一直線に飛ぶが、キツツキは波打つような動線を描く。カワセミは空中で停止したあと、頭から水に急降下する。ハチドリは翼をほぼ180度回転できるので、うしろ向きはもちろん、上下逆さでも飛ぶことができる。

ヨーロッパアマツバメ*(Apus apus)* LC

チャガシラショウビン*(Halcyon albiventris)* LC

スカイブルーの羽毛をきらめかせて飛ぶ姿は、アフリカ大陸南部ではおなじみだ。

シロエリハチドリ *(Florisuga mellivora)* LC

ハチドリは両翼をほぼ180度回転できるため、
空中停止したり、うしろ向きに飛んだりすることができる。

ヒメハジロ*(Bucephala albeola)* LC

小さな身体で翼をすばやく動かす姿は、
フットボールが飛んでいるようだ。

イッコウチョウ(*Amadina fasciata*) LC

群れをつくる

バッファローや魚や虫の集団と同じく、鳥の群れも行動の予測がつきやすい。安全を確保し、仲間とつながるために集団を形成するのだ。群れが相当な数に達すると、全体がひとつの生き物のようなふるまいを見せる。

ガンがV字編隊で飛行するのは、先頭を交代して疲労を分散させるためだ。地上では密集して敵から身を守る。ムクドリやフィンチは冬におびただしい数の群れをつくり、冬空で煙のように渦巻いて飛ぶ。だが春になると群れは解消され、つがいになってなわばりを守るようになる。

もちろん、すべての鳥が群れをつくるわけではない。気性の荒いハチドリは集団を維持することができない。1年のほとんどを海上で過ごすアホウドリは基本的に単独行動で、複数で集まった姿が見られるのは、食べ物がある場所や営巣地だけだ。

カリガネ*(Anser erythropus)* VU

ロシアで営巣する水鳥の多くは、渡りや越冬のときに群れで密集する。

ムクドリいろいろ

北米や欧州の愛鳥家になじみぶかいのはホシムクドリだが(米国には移入で定着)、ムクドリ科のほとんどはアフリカとアジアに生息しており、その種類は驚くほど多い。ムクドリの仲間は群生で、光沢のある色彩豊かな羽毛を持ち、ずばぬけて賢い。身近で聞く音を鳴き声に取りこむことでも知られており、自動車の警笛や人間の言葉まで模倣する。

左ページ、上左から時計回り:
ムラサキテリムクドリ(*Lamprotornis purpureus*) LC
ツキノワテリムク(*Lamprotornis superbus*) LC
キンムネオナガテリムク(*Lamprotornis regius*) LC
オナガテリムク(*Lamprotornis caudatus*) LC
クビワムクドリ(*Gracupica nigricollis*) LC
上から時計回り:
エメラルドテリムク(*Lamprotornis iris*) LC
ソデグロムクドリ(*Acridotheresmelanopterus*) CR
ムラサキテリムクドリ(*Lamprotornis purpureus*) LC

キョクアジサシ(*Sterna paradisaea*) LC

移動する鳥たち

2000年以上前に活躍したギリシャの哲学者アリストテレスは、冬になると姿を消す鳥は、別の鳥に変身したり、冬眠したりすると考えた。シロビタイジョウビタキは冬にコマドリになり、ツバメは地中の穴で冬眠すると説明している。

だが、季節の変化とともに鳥がいなくなるほんとうの理由は、暖かい土地や遠くの繁殖地に飛んでいってしまうためだ。鳥の渡り行動は、研究すればするほど驚きが深まる。たとえばキョクアジサシは、グリーンランドの繁殖地から南極圏まで移動する。その距離がおよそ7万キロに達し、あらゆる動物のなかで最長であることがわかったのは、2010年のことだ。

最新のGPS技術を使えば、鳥の驚異の渡り行動を追跡することができる。オオソリハシシギはアラスカからニュージーランドまで一気に移動するし、ムラサキツバメはカナダで営巣したあとアマゾンで冬を越す。アリストテレスが言及したシロビタイジョウビタキは、変身こそしないものの、ギリシャから中央アフリカまで旅をすることがわかっている。

シロエリハゲワシ*(Gyps fulvus fulvus)* **LC**

渡りをしない鳥もいる。猛禽のシロエリハゲワシは、
若いうちは行動範囲が広大だが、
なわばりができたら基本的にそこから出なくなる。

アネハヅル(*Anthropoides virgo*) LC

ヒマラヤ越えをはさんでモンゴルとインドを往復するという、
最も過酷な渡りをするのが、優美な姿のアネハヅルだ。
吹雪やイヌワシの襲来にも負けず、極限の高度を飛びつづける。

シュバシコウ(*Ciconia ciconia*) LC

アフリカで越冬したあと
地中海を越えて欧州に入り、
建物の屋根や電柱に
巣をつくる。

4 / 食べ物

食事 / 採食 / 掃除屋

生きることは食べること

少食の人の食べかたを「ついばむぐらい」と表現するが、もし鳥と大食い競争をしたら、人間はとうていかなわないだろう。たとえばアメリカコガラが毎日食べる量は、体重の3分の1にもなる。体重68キロの人間に換算すると、23キロの食べ物を1日かけて平らげなくてはならない。ハチドリは自分の体重と同じ重さの蜜を吸っているし、体重5.4キロのカナダガンが1日に消化して排泄する草は1.4キロだ。ゴルフ場で嫌われるのも無理はない。

食べ物探しに労力のほとんどを費やす鳥は多い。いま食べおわったと思ったら、すぐ次の食べ物を探さなくてはならず、それが延々と繰りかえされるのだ。アメリカムシクイは1日に1000匹の虫を胃に収める必要があるし、フクロウは一晩中狩りをしている。だが効率的に食事にありつける鳥もいて、サンショクウミワシは1匹の魚を捕まえるのに10分とかからない。

人間が与える粒餌、シーフード、生きた獲物、路上の死骸——鳥の採食行動は何を食べるかで大きく変わってくる。

ミナミガラス*(Corvus orru)* LC

腹をすかせて親に食べ物をせがむミナミガラスのひな。
巣立ちまで約40日を要するが、その後も数カ月は親のそばにいて、食べ物の見つけかたなどを学ぶ。

キョウジョシギ*(Arenaria interpres)* LC

先のとがった細長いくちばしで水辺の石をひっくりかえし、
ゴカイなどの小さな獲物を探す。

カラフトフクロウ(*Strix nebulosa*) LC

発達した広い顔盤で、見えない場所に隠れている
小さな哺乳動物の位置を正確に察知し、襲いかかる。

鳥の食事

多くの生き物がそうであるように、鳥も炭水化物、脂肪、タンパク質、ビタミン、ミネラルを摂取する必要がある。とはいえ特定の食べ物以外は目もくれない「偏食」の鳥や、反対に目の前にあるものは何でもがっつく「雑食」の鳥もいる。生きるために食べ物を見つける種ごとの方法は、本能として備わっているか、あとで学習する(両方を組みあわせることもある)。

鳥の食生活はきわめて単調だ。たとえばタニシトビは、淡水にすむ巻き貝だけを一生食べつづける。さぞやタニシが好物なのだろう。いや、ほかの食べ物を知らないのかも。

鳥の味蕾(みらい)は酸っぱい、甘い、苦いを区別できるため、味覚は人間に近いと思われる。ただし人間の味蕾は約1万個あるのに対し、ほとんどの鳥の味蕾は500個に満たないので、グルメとは呼べないだろう。

アレチノスリ *(Buteo swainsoni)* LC

ハゲガオカザリドリ(*Perissocephalus tricolor*) LC

南米大陸の北東部に生息する。
食べ物は主に果実だが、昆虫を食べることもある。

チャックウィルヨタカ(*Antrostomus carolinensis*) LC

夜行性なので、夜さかんに飛ぶガや甲虫が主な食べ物。
持ち前の大きな口で、小鳥やコウモリまで食べてしまうこともある。

チュウシャクシギ(*Numenius phaeopus*) LC

シギの仲間は細長いくちばしを砂や泥に刺しこんで食べ物を探す。
くちばしの先端は敏感で、地中に潜っている虫の動きも察知できる。

器用なくちばし

アフリカ、アジア、メラネシアに生息するサイチョウは雑食性で、さまざまな果実や小動物を食べる。くちばしの先で食べ物をくわえたら、勢いをつけて器用にのどに送りこむ。

左ページ：**ジサイチョウ**(*Bucorvus abyssinicus*) LC
上左から時計回り：
カオグロサイチョウ(*Penelopides panini panini*) EN
ズグロサイチョウ(*Rhabdotorrhinus corrugatus*) NT
シワコブサイチョウ(*Rhyticeros undulatus*) LC
カオジロサイチョウ(*Rhabdotorrhinus exarhatus*) VU
アカハシコサイチョウ(*Tockus erythrorhynchus*) LC

食への適応

鳥に必要な食べ物の量は、身体が小さいほど相対的に増える。小鳥はたえずカロリーを補給していないと、体表から熱が奪われて命が危うくなる。世界最小の鳥であるハチドリともなると、もはや精巧な採食マシンだ。反対に大型の猛禽類は、絶食が続いてもすぐに餓死とはならない。

鳥は隙間を縫うようにして独自の食性を発達させてきた。オウサマペンギンは水深250メートル以上のいわゆる「深海散乱層」まで潜水して、ハダカイワシを捕らえる。アフリカのコフラミンゴは、アルカリ度が高すぎて植物が育たない湖に群れをつくり、大きく曲がったくちばしで藍藻(らんそう)を食べる。コシグロペリカンは、一度に多くの魚を捕獲するために下くちばしが袋状に広がるようになった。胃の容量が3.8リットルであるのに対し、くちばしの袋は11リットルとはるかに大きい。

コフラミンゴ(*Phoeniconaias minor*) **NT**

コシグロペリカン*(Pelecanus conspicillatus)* LC

くちばしの長さは50センチ。
下くちばしが袋状に広がって、
11リットルの水をためられる。

カツオドリ(*Sula leucogaster*) LC

海に急降下して水面近くの魚を捕まえる。

千の鳥、チドリ

海岸でよく見かけるチドリは中小型の渉禽類(しょうきん)で、サハラ砂漠と南極・北極をのぞく世界全域の水辺に60種以上が生息する。くちばしの長い渉禽類もいるが、チドリはくちばしが短い。身じろぎひとつせず獲物を目で探す。走ったと思うと急に静止する様子は、「だるまさんが転んだ」をしているようだ。

左ページ、上左から時計回り：**ミズカキチドリ**(*Charadrius semipalmatus*) LC
フタオビチドリ(*Charadrius vociferus*) LC、**ナンベイタゲリ**(*Vanellus chilensis*) LC
ツメバゲリ(*Vanellus spinosus*) LC、**ズグロトサカゲリ**(*Vanellus miles*) LC
ダイゼン(*Pluvialis squatarola*) LC
上左から時計回り：
ズグロトサカゲリの幼鳥(*Vanellus miles*) LC、**ユキチドリ**(*Charadrius nivosus*) NT
フエコチドリ(*Charadrius melodus*) NT

オウサマペンギン*(Aptenodytes patagonicus)* LC

コウテイペンギンに次ぐ大型のペンギン。
水深300メートル近くまで潜水し、
ハダカイワシなど深海の獲物を捕まえる。

ケープハゲワシ*(Gyps coprotheres)* EN

掃除屋と呼ばれるけれど

ハゲワシやコンドルは自然界のゴミ処理係だ。悪臭を放つ死骸をきれいに片づけてくれる。それゆえに不気味、下劣、不浄のそしりを受けることも多いが、世界を清潔に保ち、生命の循環を促進してくれるありがたい存在なのだ。

それだけではない。彼らは生き物としても魅力的だ。暖められた空気に乗って、ほとんど翼を動かすことなく舞いあがる姿は優雅で自信に満ちている。はげた頭は種類によってあざやかに彩られ、清潔な印象を与える。性格はきわめて用心深く、容易に近づけない断崖や洞窟に巣をつくる。食べ物を見つけるときは、鋭い嗅覚や驚異的な視力を活用する。

彼らの胃液は強烈な酸性で、ボツリヌス菌や炭疽菌も死ぬほどだ。そのため糞に病原菌が存在せず、消毒剤の役目さえ果たしている。

ハゲワシたちの世界

ハゲワシやコンドルは、鋭い鉤状のくちばしで死肉を引きちぎる。頭に羽毛がないのは清潔さを保ち、体温を調節するため。性格は穏やかで好奇心が強い。オーストラリアと南極をのぞくすべての大陸に野生種が生息している。大型の死骸に群がって仲良く食べる種類もいて、そうした集団は「ウェイク」と呼ばれることもある。

左ページ、上左から時計回り：
ヒマラヤハゲワシ(*Gyps himalayensis*) NT
エジプトハゲワシ(*Neophron percnopterus ginginianus*) EN
オオキガシラコンドル
(*Cathartes melambrotus*) LC
ベンガルハゲワシ(*Gyps bengalensis*) CR
クロハゲワシ(*Aegypius monachus*) NT
上から時計回り：
ミミハゲワシ(*Sarcogyps calvus*) CR
クロコンドル(*Coragyps atratus*) LC
ヤシハゲワシ(*Gypohierax angolensis*) LC

トキイロコンドル *(Sarcoramphus papa)* LC

中南米原産で、マヤ文明ではおなじみの鳥だ。

5 / 次の世代

オスとメス / 歌 / 求愛 / 単婚 / 営巣

求愛行動に磨きをかける

ほかのすべての生き物と同じく、鳥も遺産を残さなくてはならない。種の存続のために、次の世代を世に送りだすのだ。生殖をめぐる物語は、鳥が世界に出現すると同時に始まった。

次の世代に確実にバトンを渡すには、いくつもの課題をこなす必要がある。うまくやれるかどうか心配になるほどだ。まずオスとメスが出会い、求愛の歌をさえずり、踊りを披露する。生まれた子どもを健やかに育てて、導いてやる（種によってはこれがけっこう大変だ！）。それぞれの個体が決められた役割を果たし、情報を伝えることで、遺伝子が確実に受け渡され、新しい世代がひとりだちできる。

鳥も、気が遠くなるほど世代交代を繰りかえした結果、私たちが見ているいまの姿になった。コトドリの凝りに凝った求愛行動も、ウミガラスの斑点模様のとがった卵も、子孫を絶やさないために編みだした高度な工夫だ。どれだけ多くの世代を重ねてきた種であっても、へたをすると次の世代で終わらないともかぎらない。

キンショウジョウインコ*(Alisterus scapularis)* LC

オスとメスで羽毛の色が異なり、オスのほうがあざやかで目立つ色をしている。多くの鳥に共通する特徴だ。

コトドリ *(Menura novaehollandiae)* LC

世界最大の鳴禽で、長く美しい尾羽が特徴だ。

クビワコガモ(*Callonetta leucophrys*) LC

オスとメスの話

オスとメスの外見が同じ鳥も多いが（少なくとも人間の目では区別がつかない）、反対にまるで異なる鳥もいる。オオハナインコなどは、オスとメスの外見がちがいすぎて、別の種だと長く思われていたほどだ。

これは営巣行動と深い関係がある。ガンのように単婚で、孵化から子育てまで力を合わせて行う鳥は、雌雄の区別がつかないことが多い。いっぽうカモのように母親のみが子育てをする鳥は、オスとメスのちがいが顕著だ。巣ごもりをするメスは地味な外見で周囲に溶けこむ必要があるが、オスは思いきり派手でもかまわない。

オスばかり着飾ってずるい？　いやいや、それはひとえにメスのためなのだ。オスの美しい羽毛は性淘汰によるもの。つまり健康と生命力の証としてメスに選ばれてきた結果なのである。

コザクラインコ(*Agapornis roseicollis*) LC

オスとメスは似ているが、よく見るとオスは額がメスより赤い。

エトロフウミスズメ(*Aethia cristatella*) LC

卵の孵化と子育てを共同で行う。
オスとメスはほとんど見分けがつかない。

エボシコクジャク(*Polyplectron malacense*) VU

尾羽に美しい斑紋が入るのは同じだが、
メス(左)は小柄で冠羽がない。

求愛の歌

　サヨナキドリやヒバリの美しいさえずりは昔から詩人に霊感を与えてきた。だが興ざめな鳥もいる。キガシラムクドリモドキの「歌」はチェーンソーのようにやかましく、ウズラクイナは耳ざわりだ。鳥の姿かたちがいろいろであるように、鳴き声も多様で個性的だ。
　鳥が鳴く目的はいろいろだ。オスはなわばりを守るために鳴いて、ほかのオスを追いはらう。親はひなに鳴いて呼びかける。熱帯には、メスがオスのさえずりにぴったり唱和して、まるで1羽で鳴いているように聞こえる鳥もいる。マネシツグミやムクドリの仲間は別種の鳥の鳴き声を覚えて、自分のレパートリーにしてしまう。
　求愛行動では、音は重要な要素だ。鳴き声は野原を越え、森を通りぬけ、川の流れも飛びこえて、遠くの見えない相手にも届く。

ウズラクイナ *(Crex crex)* LC

鳴き声は名刺がわり

鳥の鳴き声はいろいろだ。モリツグミはフルートのように美しい歌声を聞かせるが、キガシラムクドリモドキの鳴き声はまるでチェーンソーだ。

左ページ：**モリツグミ**(*Hylocichla mustelina*) **NT**
上左から時計回り：
キンイロオオムシクイ(*Hypergerus atriceps*) **LC**
ツチイロヤブチメドリ(*Turdoides striata*) **LC**
キガシラムクドリモドキ(*Xanthocephalus xanthocephalus*) **LC**
ソウシチョウ(*Leiothrix lutea*) **LC**
オウゴンアメリカムシクイ(*Protonotaria citrea*) **LC**

恋の駆け引き

子づくりのために伴侶を探すなら、健康でまじめなことが条件だろう。だが体力や経験がなかったり、無関心だったりで子育てに不向きな者もいる。やる気のない相手とくっつきたいとは誰も思わない。

鳥のなかには、求愛の踊りで相手を評価する種類がいる。有名なのはツルで、大きな翼を優美に動かして跳ねまわる。若いアホウドリはお相手が決まるまで、強風が吹きすさぶ島で何年も求愛の踊りを続けることもある。南米の雲霧林では、アンデスイワドリが熱狂的な求愛の儀式を繰りひろげる。

難しさでは、ニューギニア島の夜明けにフウチョウが見せる求愛の踊りにかなうものはない。大きな声で鳴きながら、いろんな部分の羽毛を複雑に動かすさまは究極のコンテンポラリーダンスだ。

カナダヅル *(Antigone canadensis)* LC

カタカケフウチョウ(*Lophorina superba*) LC

求愛の踊りでは、虹色にきらめく羽根でケープをつくって相手の気を引く。

ベニフウチョウ(*Paradisaea rubra*) NT

頭の飾り羽と長い尾羽に加えて、
羽毛の派手な色合いが特徴だ。

アンデスイワドリ*(Rupicola peruvianus aequatorialis)* LC

南米の雲霧林に生息。
メスが通りかかると、オスが競うようにして求愛の踊りを踊る。

夫婦の形はそれぞれ

鳥は約90パーセントが単婚、つまり程度の差はあっても一夫一婦でつがいをつくる。多いのは、卵を産み、ひなを巣立ちさせるあいだだけいっしょというもの。生涯たった1羽と添いとげるとか、反対に相手をとっかえひっかえする極端な例もあるが、ほとんどはその中間だ。

昔から永遠の愛の象徴である白鳥は、何年も同じ相手とともに過ごす。フクロウ、ツル、ハゲワシ、ペンギン、ワライカワセミ、ワシ、ガンも関係が長続きするほうだ。

いっぽうハチドリは交尾が終わったらすぐさよならだ。コウウチョウの仲間、ライチョウの仲間、シギの仲間も同じ。鳴禽の多くがひと夏の関係で終わるのは、寿命が短くて長期の関係を結ぶ理由がないからだろう。

ただし単婚は誠実を意味しない。「離婚率」がゼロに近いアホウドリも、別のオスと子育てをすることはめずらしくない。

アオバネワライカワセミ(*Dacelo leachii*) LC

ハクチョウの歌

無垢で優雅な印象のハクチョウは、愛とロマンスを象徴する存在だ。彼らの求愛行動は、歌と踊りを巧みに組みあわせた複雑な儀式だ。そしてひとたび伴侶が見つかれば、絆は何年にもわたって保たれ、ときに生涯添いとげることもある。つがいの相手やひなへの脅威には猛然と立ちむかうが、「離婚」もないわけではない。幼鳥は数カ月間巣のそばを離れず、両親をお手本に多くのことを学びながら成長していく。

左ページ、上左から時計回り：**コクチョウ**(*Cygnus atratus*) LC
コハクチョウ(*Cygnus columbianus*) LC
クロエリハクチョウ(*Cygnus melancoryphus*) LC
コクチョウの幼鳥(*Cygnus atratus*) LC
上左から時計回り：**ナキハクチョウ**(*Cygnus buccinator*) LC
オオハクチョウ(*Cygnus cygnus*) LC
クロエリハクチョウの幼鳥(*Cygnus melancoryphus*) LC

ワシミミズク(*Bubo bubo*) LC

フクロウの仲間は一度つがいになると長く続く。

アフリカワシミミズク(*Bubo africanus*) LC

卵を温めるのはメスで、オスは食べ物を巣に運ぶ役目を果たす。
生涯相手が変わらないペアも多い。

巣づくりの本能

卵を産み、無事に孵化させる安全な場所を見つけることは、すべての鳥に共通する課題だ。足元にひなをたくしこむ鳥もいれば、木の洞(うろ)を利用する鳥、バスほどもある巨大な巣を樹上にかける鳥もいる。人間は鳥の巣に感心し、さまざまな思いを馳せるが、卵をかえし、生まれたひなをあらゆる危険から遠ざけるための実用的な構築物だ。

腕や手が使えず、道具もない状態で家を建てるとしたら？　鳥はそのための方法を進化させてきた。ハチクイモドキは長さ3メートルほどのトンネルを掘り、フラミンゴは盛り土をする。

ほかの鳥の成果を横取りすることもある。フクロウはカラスの巣に入りこむことがあるし、キツツキが木に開けた穴を再利用する鳥も多い。カッコウは別種の鳥の巣に卵を産み、気づかない里親に温めさせる。

キンガシラカザリキヌバネドリ *(Pharomachrus auriceps)* LC

ただいまかえりました

幼鳥は成長が速い。生後わずか数日で成鳥の大きさになる鳥もいる。木の洞を巣にしたり、巣を頑丈に構築したりする種類だともう少し長いが、それでも危険と隣りあわせだ。巣が充分な大きさであれば、ひなは翼を広げることができる。

左ページ、上左から時計回り：
クロワシミミズク(*Bubo lacteus*) LC、**ウミガラス**(*Uria aalge*) LC
オオクロムクドリモドキ(*Quiscalus quiscula*) LC
ニシタイランチョウ(*Tyrannus verticalis*) LC、**コガタペンギン**(*Eudyptula minor*) LC
ハワイガン(*Branta sandvicensis*) VU
上左から時計回り：
チリーフラミンゴ(*Phoenicopterus chilensis*) NT
フクロウ(*Strix uralensis*) LC、**ヒメハジロ**(*Bucephala albeola*) LC

ナキハチクイモドキ*(Momotus subrufescens)* LC

長さ3メートルほどのトンネルを地面に掘って卵を産む。
トンネルは再利用せず、毎年新しく掘りなおす。

ヨーロッパハチクイ(*Merops apiaster*) LC

トンネルを掘るのはハチクイモドキと同じだが、
こちらは集団で繁殖するのが特徴。
同じ断崖に数十組のつがいが集まり、
それぞれ巣穴を掘って産卵する。

6 / 鳥の頭脳

社会性 / 感情 / 知能

頭の切れるやつ

「鳥頭（とりあたま）」と呼ばれるのは屈辱だが、どうやらそれはほめ言葉であるようだ。鳥の思考、感情、情動は、人間に似た複雑なシステムを構成していることが最近の研究でわかってきた。

ヒトと鳥が共通の祖先から枝分かれしたのは何億年も前のこと。そのあいだにヒトの脳は大きく異なる形で進化を遂げた。だからといって鳥に知性がないわけではない。ヒトと鳥には、ほかの動物には見られない共通の特徴もある。カラスやオウムを飼ったことがあれば、彼らは好奇心が強く、高度な知的作業をやってのけることを知っているはずだ。

鳥の精神機能は、生存のためのさまざまな圧力と環境に沿う形で発達してきた。だからかんたんな道具を使える鳥もいれば、人間を含むほかの動物の声を完璧に模倣する鳥もいる。人間とちがうからといって、鳥が賢くなく、ものを考えないわけではけっしてないのだ。

アデリーペンギン(*Pygoscelis adeliae*) LC

鳥は習性や環境に合わせて精神機能を進化させてきた。アデリーペンギンは雪と氷に閉ざされた南極大陸での生活にみごとに適応している。

コモンチョウ(*Neochmia ruficauda*) LC

オーストラリアの草原地帯に生息し、
植物の種子を食べ物にしている。

サンジャク(*Urocissa erythrorhyncha*) LC

カラス科の多くがそうだが、東アジアに生息するこのサンジャクも社会性が強い。

数は力なり

社会性のある生き物は、脳が大きくなる傾向がある。味方だけでなく、敵や競争相手ともつねに接触し、相手の動向をうかがうには高い知能が求められるのだ。

集団を形成する鳥はたくさんいる。だとすれば彼らも知能は高いのだろうか？ あいにくそれは鳥の種類による。ムクドリは大きな群れをつくるが、決まったリーダーがいるわけではなく、群衆のように行動にまとまりがない。そのいっぽうで、個別の関係をもとに階層集団を成立させ、社会構造を維持する鳥もいる。オウムやカラスが代表格だが、ほかにもタカ、フクロウ、キツツキ、カラ類、フィンチ、ルリオーストラリアムシクイなどたくさんいる。頭が良くないと思われているニワトリも、厳格な社会秩序のなかで生きているのだ。

コガネメキシコインコ(*Aratinga solstitialis*) EN

バン(*Gallinula chloropus*) LC

単婚で淡水の湖沼に集まることもあるが、複雑な社会構造は持っていない。

ルリオーストラリアムシクイ(*Malurus cyaneus*) LC

1年を通じて家族で集団をつくり、下位の者は子育てに協力する。
ただし貞節というわけではなく、ひなの多くは別集団のオスを父親に持つ。

複雑な気持ち

鳥の個体差がわかるまでには少々時間がかかる。飼い主は愛鳥の気分や感情を察知できるし、飼育下でも野生でも、すべての鳥には個性がある。

鳥は自らの情動を人間に直接伝える手段を持たないので、彼らが何を感じているかを知るのは難しい。それでも悲嘆、愛、恐怖、幸福といった感情が、人間だけのものではないのはたしかだ。人間にそうした感情を与えた進化の圧力は、鳥にも働いていた。周囲の状況やできごとに適切に反応できることは、すべての生き物に有利だったはずだ。

情動は本能に根ざしたもので、特定の行動を強化することで生存の可能性を高めてくれる。感情の出どころがどこであるにせよ、情動の化学反応は鳥にもヒトにも魔法をかける。

左：**ミドリコンゴウインコ**(*Ara militaris*) VU
右：**ルリコンゴウインコ**(*Ara ararauna*) LC

ハイイロツチスドリ *(Struthidea cinerea)* LC

オーストラリア東部の乾燥地帯に生息し、
20羽ほどの家族集団で騒々しく移動する。

ウミガラス*(Uria aalge)* LC

数千羽規模のコロニーを形成するが、
社会的な集団にはならない。
数が多すぎて、個々の動向にまで
気が回らないのかもしれない。

知性のしるし

あくまで人間基準の評価だが、鳥のなかで最も賢いのはカラス科（カラス、カササギ、カケス、コクマルガラス、ミヤマガラス、ベニハシガラス、オナガ、ホシガラス）とオウム目（約400種）だ。

彼らは人間と同様に社会性があり、成長に時間がかかるため、相対的に脳が大きい。カラスやオウムの意思疎通、計数、道具使用、学習、自己認識を調べた研究から、創造的、抽象的な思考ができることが示唆されている。

ほかにもニワシドリやハチクイにも知性の片鱗が見られる。鳥の世界にはまだ見ぬ天才が隠れているかもしれない。鳥の知性の研究はまだ歴史が浅い。他者と自分で視点が異なることを認識できる「心の理論」を鳥も持っているらしいとわかってきたのは、やっとこの10年のことだ。

ムナジロガラス *(Corvus albus)* LC

ほとんど天才？

カラスやカケス、カササギなどのカラス科の鳥、それにオウムの仲間は鳥のなかでも頭が良いとされている。高度な推論ができて、人間の言葉をわずかながらでも理解する。ヨウムのアレックスは30年に及ぶ実験で、かんたんな英語を学習し、人間とやりとりできるまでになった。またハチクイは、独自の知性を発揮する。こうした鳥たちは好奇心が強く、社会性があり、広範囲に生息し、長寿という共通点がある。

左ページ、上左から時計回り：**アカノドハチクイ**(*Merops bulocki*) LC
ハイイロホシガラス(*Nucifraga columbiana*) LC、**イエガラス**(*Corvus splendens*) LC
オオハナインコ(*Eclectus roratus*) LC、**コリーカンムリサンジャク**(*Cyanocorax colliei*) LC
アメリカガラス(*Corvus brachyrhynchos*) LC
上左から時計回り：**オナガ**(*Cyanopica cyanus*) LC
ルリサンジャク(*Cyanocorax chrysops*) LC、**フロリダカケス**(*Aphelocoma coerulescens*) VU
ズキンガラス(*Corvus cornix*) LC、**ヨウム**(*Psittacus erithacus*) EN

ワタリガラス*(Corvus corax)* LC

小さな頭脳はたえず高速回転している。

ミヤマオウム(*Nestor notabilis*) EN

ニュージーランド南島原産で、高山に生息する唯一のオウム。
道具を使い、論理的なパズルを解けることで知られる。

7 / 未来

保全 / 絶滅 / 適応 / 自由

未来へのまなざし

水晶玉をいくらのぞいても、未来のことはわからない。科学的なデータやコンピューターのシミュレーションを駆使しても、鳥たちの将来の姿を確実に描くことは難しい。ただ鳥と人間に待ちうける未来は単純ではなく、私たちの今日の選択に左右されることはたしかだ。

人口増加で工業用地や農地の開発が進み、野生のままの空間が減っている現在、自然界は多くの脅威に直面している。絶滅に追いやられる生き物も少なくないが、希望の光もある。バーチャル全盛の時代にあって、アウトドアで自然に触れあう人の数もかつてないほど増えている。昔は変わり者の道楽だったバードウォッチングも、いまやすっかり主流となった。鳥たちの生態を理解し、鑑賞する楽しみが広がっている。

関心を寄せるだけでは鳥を救えないが、重要な第一歩だ。また、変わりゆく環境にうまく適応し、都会でちゃっかり人間と共存する鳥もいる。変化に乗じて勢力を拡大している鳥もいて、そのたくましさは想像以上だ。

コリンウズラ(*Colinus virginianus taylori*) **NT**

仮面をかぶったように顔が黒い亜種は、メキシコのソノラ州と米国のアリゾナ州南部にしか生息しておらず、絶滅が危惧されている。

カカ *(Nestor meridionalis)* **EN**

ニュージーランド固有種の中型インコ。
自然環境ではほとんど姿を消したが、再導入の努力が実を結びつつある。

保全のトレンド

地球上で人類の存在が自然の重荷になりつつある。今日の環境問題のほとんどは、何らかの形で人口過剰が関係している。鳥類の保全は、人類がまず取りくむべき重大な課題だ。人類が持続可能で安定した生活を営み、繁栄を望むのであれば、自然も守っていかなくてはならない。

そこで目を向けてほしいのが鳥の存在だ。鳥はさまざまな脅威に囲まれている。侵入種、環境汚染、農薬、バードストライク、野生化したネコ、交通事故、食料不足、乱獲、混獲、ペットの違法取引、送電線……土地開発で生息域が狭まっていることは言うまでもないが、気候変動も鳥の生息環境に大きな影響を及ぼすと予測されている。IUCNレッドリストは、熱帯を中心に世界の鳥の8羽に1羽が危機的状況にあり、ただちに対策をとらないと、さらに多くの哺乳類、両生類、植物が絶滅すると警鐘を鳴らす。

アオコブホウカンチョウ(*Crax alberti*) CR

コロンビア固有種で、個体数が200羽前後と深刻な絶滅の危機にある。

ソデグロヅル *(Leucogeranus leucogeranus)* CR

生息地である北極圏のツンドラでは、
個体数が3000羽を切っている。

ホオアカトキ(*Geronticus eremita*) **CR**

野生ではモロッコに小さい個体群が確認されているだけだ。

ハジロモリガモ*(Asarcornis scutulata)* EN

南アジア中央部の河畔林が失われるにつれて、
絶滅の危機が上昇している。

絶滅を食いとめろ

絶滅の瀬戸際にありながら、人間が介入したおかげで救われた鳥がいる。いざ保全に向けて動きだせば、不可能も可能に変えられるのだ。

たとえばカリフォルニアコンドル。かつて米国西部に広く分布していた巨大な鳥が、わずか22羽に減ってしまった。1980年代後半、残った個体をすべて捕獲して懸命の繁殖が行われた結果、個体数は数百羽まで回復して、ふたたび自然界に定着させることができた。いまでは複数の州でその姿が確認されている。まだ見守る必要があるとはいえ、大空を自由に飛べるようになったのだ。

レイサンマガモもたった12羽から数百羽に回復した。カートランドアメリカムシクイも500羽から5000羽に増えた。野生では絶滅したソコロナゲキバトは、メキシコのソコロ島に再導入する試みが行われている。絶滅を免れた鳥たちは、この世界でともに生きる仲間でありつづける。

カリフォルニアコンドル(*Gymnogyps californianus*) CR

一時は22羽にまで激減した。
現在は数百羽まで回復しているが、困難な状況に変わりはない。

アメリカトキコウ*(Mycteria americana)* LC

米国では1984年に絶滅危惧種に指定されたが、
回復努力が成功したおかげで2014年にランクが引き下げられた。

崖っぷちの鳥たち

絶滅の危機にある鳥は、あっけなく消えることもあれば、集中的な保護努力で回復を遂げることもある。この2ページの鳥たちは、飼育下繁殖の試みと生息環境の管理のおかげで、いまも健在だ。

左ページ、上左から時計回り：
ハワイノスリ(*Buteo solitarius*) NT、**レイサンマガモ**(*Anas laysanensis*) CR
ソウゲンライチョウ(*Tympanuchus cupido attwateri*) VU
マダガスカルメジロガモ(*Aythya innotata*) CR
カートランドアメリカムシクイ(*Setophaga kirtlandii*) NT
カンムリシロムク(*Leucopsar rothschildi*) CR、
ホオジロシマアカゲラ(*Leuconotopicus borealis*) NT
上左から時計回り：**グアムクイナ**(*Hypotaenidia owstoni*) EW
ハワイガン(*Branta sandvicensis*) VU、**ソコロナゲキバト**(*Zenaida graysoni*) EW
モモイロバト(*Nesoenas mayeri*) EN、**コサンケイ**(*Lophura edwardsi*) CR

カワラバト*(Columba livia)* **LC**

世界中の都市部でよく見られる。
残飯を食べて、高い建物によく巣をつくる。

人間が生活する場でかろうじて生きのこるのではなく、むしろ繁栄を享受する鳥もいる。カワラバトやイエスズメは世界中の都市部でお目にかかれるし、アメリカガラス、トビ、ゴシキセイガイインコは生息域内の都会にうまくなじんでいる。

彼らは人間が手を加えた環境にも巧みに適応する。研究によると、都市部に生きる鳥は免疫系が強く、鳴き声が大きく、地上から離れた場所に巣をつくり、雑食性で、問題解決能力が高いという。都会には、自然下の生息条件を再現できるような「隙間」がたくさんある。たとえば断崖に巣をつくるハヤブサにとって、高層ビル群は巣をかけ放題だし、食べ物のハトにも困らない。

都会にすみつく鳥は節操がないと軽蔑されがちだが、それはきっと、人間が彼らの営みにひとごとではないものを感じるからだろう。でも適応に成功した以上、非難される筋合いはないのだ。

インドハッカ *(Acridotheres tristis)* LC

アジア原産だが、欧州、北米、オーストラリア、大洋の島々にも急速に広がった。

イエスズメ(*Passer domesticus*) LC

人間がつくりだした環境にちゃっかり入りこんだイエスズメは、
世界で最も繁栄に成功した鳥と言える。

自由の象徴として

ビザもパスポートも不要。国境を軽々と越えて飛びまわる鳥は、グローバル市民であり、自然界の大使のような存在だ。地球上でいちばんユニバーサルな生き物と言ってもいいだろう。色も形も大きさも千差万別、生態もさまざまな鳥は世界中のどこでも、誰でも見ることができる。

鳥は平和と繁栄、愛と希望、独立と自由を象徴している。宗教の教えにもあるし、多くの国が国鳥を定めていることからもわかる。私たちはみんなつながっていて、あらゆる行為がどこかに影響を及ぼしていることを、鳥が教えてくれるのだ。わが家をめざして地球を何万キロも移動する鳥の渡りには、驚嘆するしかない。

鳥の目を借りることで、この世界を眺める新しい視点が見つかる。鳥に関心を向けることで、新しい発想だって湧いてくるかもしれない。

ハクトウワシ(*Haliaeetus leucocephalus*) LC

ハクトウワシに自由と強さを重ねあわせる人は多い。

鳥のように自由に

彩り豊かで、愛すべき魅力にあふれ、特殊な能力を発揮する鳥たち。彼らはあらゆる場所に生息し、地球の両端を結ぶ長距離旅行を繰りかえす。政治的な世界地図など関係ない。そんな鳥たちに関心を寄せ、大切にすることは、この地球と、私たち自身を守ることにつながる。これまで見てきた鳥の世界は驚きの連続だったが、未知の地平も無限に広がっているのだ。

左ページ、上左から時計回り：**オオコノハズク***(Otus lempiji)* LC
アオクビフウキンチョウ*(Tangara cyanicollis)* LC、**キバラカラカラ***(Milvago chimachima)* LC
オウギワシ*(Harpia harpyja)* NT、**キビタイヒメアオバト***(Ptilinopus aurantiifrons)* LC
上左から時計回り：**ミカズキインコ***(Polytelis swainsonii)* LC
クロアカヒロハシ*(Cymbirhynchus macrorhynchos malaccensis)* LC
ルリミツドリ*(Cyanerpes cyaneus)* LC

ヒオウギインコ *(Deroptyus accipitrinus accipitrinus)* LC

色あざやかな冠羽を自在に広げて気持ちを表現する。

アメリカムラサキバン(*Porphyrio martinicus*) LC

長い趾でスイレンの葉を渡りあるく様子は、
まるで水の上を歩いているようだ。

オジロノスリ(*Geranoaetus albicaudatus*) LC

翼を広げて、大空をどこまでも飛んでいく。

著者紹介

Cole Sartore

ジョエル・サートレイ

写真家、著述家、教師、自然保護活動家。ナショナル ジオグラフィックのフェローとして「ナショナル ジオグラフィック」誌を中心に活躍している。独自のユーモア感覚と、米中西部人らしい堅実さで、世界中で絶滅の危機にある生物や風景を記録に残すことをライフワークにしている。生物と生息環境を救うために、25年かけて行うフォト・アーク（写真版ノアの箱舟）プロジェクトを開始した。ナショナル ジオグラフィック誌のほか、オーデュボン、スポーツ・イラストレイテッド、ニューヨーク・タイムズ、スミソニアンといった定期刊行物にも寄稿。『PHOTO ARK　動物の箱舟』（日経ナショナル ジオグラフィック社）などの著書がある。世界中を旅するサートレイだが、妻キャシーと3人の子どもが待つ米国ネブラスカ州リンカーンの自宅に戻るのが何よりの楽しみだ。

Bob Keefer

ノア・ストリッカー

米国の雑誌バーディングの編集委員。『鳥の不思議な生活』（築地書館）など鳥に関する3冊の書籍を出版している。雑誌をはじめ各種メディアへの寄稿も多く、これまで訪れた国は50カ国近い。南極大陸やスバールバル諸島などの探検ガイドも務める。米国オレゴン州にある自宅の裏庭には、これまで115種の鳥がやってきたという。

謝辞

ジョエル・サートレイ

お世話になった数千人をこの紙面ですべて紹介するのは不可能だが、これだけは伝えたい。各地の動物園、水族館、個人の飼育者、野生生物リハビリセンターは、地道に、そして誠実に世話をしてきた動物たちの撮影を快く許してくれた。こうした施設は、生き物の絶滅を食いとめようと最前線で懸命に戦っている。読者のみなさんも、地元にある同様の施設をぜひ応援してほしい。このPHOTO ARKプロジェクトは、たくさんのパートナーの協力を得ている。民間からの寄付者をはじめ、ナショナル ジオグラフィック協会やディフェンダーズ・オブ・ワイルドライフ、コンサベーション・インターナショナル、海洋保護協会、全米オーデュボン協会などさまざまな団体のスタッフたちだ。科学アドバイザーのピエール・ド・シャバンヌ、ジョエル・サートレイ・フォトグラフィーのスタッフは、このプロジェクトに長年尽力してくれている。子どもたちが物心ついてから、1年の半分以上を留守にする生活を許してくれる妻のキャシー、娘のエレンと息子のスペンサー、それに家族のなかでいちばん旅に同行してくれている息子のコールにも感謝を伝えたい。

最後に、自然を愛する心と、労を惜しまず働く姿勢を教えてくれた両親、ジョンとシャロンの名前を挙げておきたい。私の人生が順調なスタートを切ることができたのは2人のおかげだ。

みんな、ほんとうにありがとう。

ノア・ストリッカー

鳥オタクの自分にとって、これはまさに夢の本だ。まずは精細を極めたみごとな写真をものにしたジョエル・サートレイに感謝したい。ナショナル ジオグラフィック書籍部門のシニア・エディターであるスーザン・タイラー・ヒッチコック、クリエイティブ・ディレクターのメリッサ・ファリス、シニア・フォト・エディターのモイラ・ヘイニー、編集アシスタントのミシェル・C・キャシディは、優れた洞察と技術と創造性を駆使してこの本を形にした。スコビル・ガレン・ゴッシュ・リテラリー・エージェンシーで私を担当するラッセル・ガレンは、最初からこのプロジェクトに積極的に関わってくれた。母リーサ・ストリッカーと父ボブ・キーファーの応援は、何物にも代えがたかった。ナショナル ジオグラフィックを挙げて鳥に焦点をあてる2018年を、最高の作品で祝福することができて、とても名誉に思っている。

フォト・アークとは

地球上には、終わりが近づいている生き物がたくさんいる。恐ろしい勢いで種が絶滅しているのだ。ナショナル ジオグラフィック協会と写真家のジョエル・サートレイは、彼らを救う方法を懸命に模索している。ナショナル ジオグラフィックのフォト・アークは、世界中の動物園や野生動物保護区にいるすべての種を記録する意欲的なプロジェクトだ。状況をただ憂えるのではなく、未来の世代のために積極的に保護に関わってほしいという呼びかけでもある。フォト・アークが完成すれば、動物たちの貴重な記録になるばかりか、彼らを救う重要性を伝える有効な手段になるはずだ。natgeophotoark.org（英語）、nationalgeographic.jp/photoark/（日本語）を通じて、どうか支援の手を差しのべてほしい。

アラスカ海洋生物センターを訪れたジョエル・サートレイは、ウトウと友だちになった。

メイキング

実際の撮影がどんな手順で行われたかを紹介しよう。まず訪問予定がある地域の動物園や個人の飼育者、野生生物リハビリセンターに連絡をする。向こうがフォト・アークに興味を示してくれたら、そこで飼育されている動物の一覧をもらう。

次に、まだ一度も撮影されたことのない動物を対象に、写真を撮ってもかまわないか打診する。カメラを向けられたときの反応は動物ごとにちがうから、撮影の難しさもいろいろだ。これまで被写体となった鳥の大半は、生まれてからずっと人間に世話されてきた。それにどの施設のスタッフも、撮影のあいだ動物たちがストレスを感じることなく、穏やかでいてほしいと思っている。だから鳥たちを傷つけたり、脅かしたりしないよう、撮影には細心の注意を払う。

そして撮影当日。セッティングはいろいろだ。大型の鳥であれば、囲いの内側に黒または白の布をたらす。小さい鳥には移動してもらって、やわらかい布を張った撮影用テントに放す。テントに入ったら、レンズの小さな穴しか見えないので落ちつくことが多い。ごほうびとして食べ物を与えることもある。撮影時間はせいぜい数分だ。

フラッシュにはカモフラージュと保護を兼ねたやわらかい箱をかぶせて、可能なかぎり接近を試みる。そうすることで被写体の質感と色を鮮明にとらえ、深い被写界深度で忠実に再現できる。

めざすのはただひとつ——人びとの心に訴えかけ、すべての生き物に関心を向けてもらえるような写真を撮ることだ。まだ時間があるうちに。

加工前：鳥にストレスを与えないよう短時間で撮ることが大切なので、デジタルで後処理を行う。

加工後：こちらが完成写真。土や糞、背景の継ぎ目を消している。

各章扉の写真について

2-3ページ：1列目左から右：**ジャノメドリ**(*Eurypyga helias*) LC、**ミナミヤイロチョウ**(*Pitta moluccensis*) LC、**コシアカキジ**(*Lophura ignita macartneyi*) NT、**クロアカツクシガモ**(*Tadorna variegata*) LC 、**バーバリーハヤブサ**(*Falco peregrinus pelegrinoides*) LC、**アオエリネズミドリ**(*Urocolius macrourus*) LC　2列目左から右：**ベニノジコ** (*Foudia madagascariensis*) LC、**メンフクロウ**(*Tyto alba*) LC、**ヤツガシラ**(*Upupa epops*) LC　3列目左から右：**オニアオサギ**(*Ardea goliath*)LC、**オニオオハシ**(*Ramphastos toco*)LC、**テンジクバタン**(*Cacatua tenuirostris*) LC **タカヘ**(*Porphyrio hochstetteri*) EN、**ホオベニインコ**(*Pyrrhura hoffmanni*) LC、**バライロビタイウロコインコ**(*Pyrrhura roseifrons roseifrons*) LC、**ニシムラサキエボシドリ**(*Musophaga violacea*) LC

1列目左から右：**ニョオウインコ**(*Guaruba guarouba*) VU、**アメリカチョウゲンボウ**(*Falco sparverius*) LC、**ミナミイワトビペンギン**(*Eudyptes chrysocome*) VU、**タテジマフクロウ**(*Asio clamator*) LC、**アカコブバト**(*Ducula rubricera*) NT　2列目左から右：**コオバシギ**(*Calidris canutus*) NT、**マガモ**(*Anas platyrhynchos*) LC　3列目左から右：**ベニジュケイ**(*Tragopan temminckii*) LC、**ミノバト**(*Caloenas nicobarica*) NT、**ヒクイドリ**(*Casuarius casuarius*) LC、**ミヤマオウム**(*Nestor notabilis*) EN、**クジャクバト**(*Columba livia*) LC

1列目左から右：**クルマサカオウム**(*Cacatua leadbeateri*) LC、**アフリカヘラサギ**(*Platalea alba*) LC、**イヌワシ**(*Aquila chrysaetos*) LC、**イナゴヒメドリ**(*Ammodramus savannarum*) LC、**チゴハヤブサ**(*Falco subbuteo*) LC　2列目左から右：**ジェンツーペンギン**(*Pygoscelis papua*) LC、**ミナミアカサイチョウ**(*Buceros mindanensis mindanensis*) VU　3列目左から右：**ノドアカハチドリ**(*Archilochus colubris*) LC、**インドクジャク**(*Pavo cristatus*) LC、**マナヅル**(*Antigone vipio*) VU、**セイキチョウ**(*Uraeginthus bengalus*) LC、**ノースアイランドブラウンキーウィ**(*Apteryx mantelli*) VU、**エトピリカ**(*Fratercula cirrhata*) LC

1列目左から右：**メンフクロウ**(*Tyto alba deroepstorffi*) LC、**アネハヅル**(*Anthropoides virgo*) LC、**クロコンドル**(*Coragyps atratus*) LC、**ヨーロッパアマツバメ**(*Apus apus*)LC、**ノドグロコウカンチョウ**(*Paroaria gularis*) LC　2列目左から右：**カワセミ**(*Alcedo atthis ispida*) LC、**ポーリッシュ系ニワトリ** (*Gallus gallus*) LC　3列目左から右：**アカサカオウム**(*Callocephalon fimbriatum*) LC、**ヒゲペンギン**(*Pygoscelis antarcticus*) LC、**タイハクオウム**(*Cacatua alba*) EN、**アカカザリフウチョウ**(*Paradisaea raggiana*) LC

1列目左から右：**ヨーロッパアオゲラ**(*Picus viridis*) LC、**カンムリカラカラ**(*Caracara plancus*) LC、**カオジロサイチョウ**(*Rhabdotorrhinus exarhatus*) VU、**カラフトフクロウ**(*Strix nebulosa*)LC
2列目左から右：**チュウシャクシギ**(*Numenius phaeopus*) LC、**ミナミガラス**(*Corvus orru*)LC
3列目左から右：**シロムネオオハシ**(*Ramphastos tucanus*) VU、**フエコチドリ**(*Charadrius melodus*) NT、**ドングリキツツキ**(*Melanerpes formicivorus*) LC、**コフラミンゴ**(*Phoeniconaias minor*) NT、**ミミハゲワシ**(*Sarcogyps calvus*) CR

1列目左から右：**ハワイガン**(*Branta sandvicensis*) VU、**オウゴンアメリカムシクイ**(*Protonotaria citrea*) LC、**コトドリ**(*Menura novaehollandiae*) LC、**マナヅル**(*Antigone vipio*) VU　2列目中央から右：**ウミガラスの卵**(*Uria aalge*) LC、**エトロフウミスズメ**(*Aethia cristatella*) LC　3列目左から右：**キンショウジョウインコ**(*Alisterus scapularis*) LC、**ウズラクイナ**(*Crex crex*) LC、**アンデスイワドリ**(*Rupicola peruvianus aequatorialis*) LC、**コクチョウ**(*Cygnus atratus*) LC、**クロエリハクチョウ**(*Cygnus melancoryphus*) LC、**フクロウ**(*Strix uralensis*) LC

1列目左から右：**コガネメキシコインコ**(*Aratinga solstitialis*) EN、**サンジャク**(*Urocissa erythroryncha*) LC、**ワタリガラス**(*Corvus corax*) LC、**ヨウム**(*Psittacus erithacus*) EN　2列目左から右：**ハイイロツチスドリ**(*Struthidea cinerea*) LC、**ヒガシキバシコサイチョウ**(*Tockus flavirostris*) LC、**キタゴシキタイヨウチョウ**(*Cinnyris reichenowi*) LC　3列目左から右：**ムナジロガラス**(*Corvus albus*) LC、**ミミヒメウ**(*Phalacrocorax auritus*) LC、**アデリーペンギン**(*Pygoscelis adeliae*) LC、**オオハナインコ**(*Eclectus roratus*) LC、**ハイイロガン**(*Anser anser*) LC

1列目左から右：**カリフォルニアコンドル**(*Gymnogyps californianus*) CR、**カカ**(*Nestor meridionalis*) EN、**テリムクドリモドキ**(*Euphagus cyanocephalus*) LC、**ハワイガン**(*Branta sandvicensis*) VU　2列目左から右：**キバラカラカラ**(*Milvago chimachima*) LC、**アオバネヤマフウキンチョウ**(*Anisognathus somptuosus*) LC　3列目左から右：**オオミチバシリ**(*Geococcyx californianus*) LC、**ハジロモリガモ**(*Asarcornis scutulata*) EN、**アメリカムラサキバン**(*Porphyrio martinicus*) LC、**ヒオウギインコ**(*Deroptyus accipitrinus accipitrinus*) LC、**トビ**(*Milvus migrans*) LC

索引

1：ココノエインコ　ブランク・パーク動物園（米国アイオワ州）
www.blankparkzoo.com
2：ジャノメドリ　シンシナティ動物園（米国オハイオ州）
www.cincinnatizoo.org
2：ミナミヤイロチョウ　ジュロン・バードパーク（シンガポール）
www.birdpark.com.sg
2：コシアカキジ　フェザント・ヘブン（米国ノースカロライナ州）
2：ベニノジコ　プルゼニ動物園（チェコ）　www.zooplzen.cz
2：メンフクロウ　ヒールズビル・サンクチュアリー（オーストラリア）
www.zoo.org.au/healesville
2：ヤツガシラ　ジュロン・バードパーク（シンガポール）
www.birdpark.com.sg
2：オニアオサギ　プルゼニ動物園（チェコ）　www.zooplzen.cz
2：オニオオハシ　オマハズ・ヘンリー・ドーリー動物園（米国ネブラスカ州）
www.omahazoo.com
2：テンジクバタン　ヒールズビル・サンクチュアリー（オーストラリア）
www.zoo.org.au/healesville
3：クロアカツクシガモ　アニマル・サンクチュアリー（ニュージーランド）
www.animalsanctuary.co.nz
3：バーバリーハヤブサ　個人施設
3：アオエリネズミドリ　ジュロン・バードパーク（シンガポール）
www.birdpark.com.sg
3：タカヘ　ジーランディア（ニュージーランド）　www.visitzealandia.com
3：ホオベニインコ　エル・ニスペロ動物園（パナマ共和国）
3：バライロビタイウロコインコ　エル・ニスペロ動物園（パナマ共和国）
3：ニシムラサキエボシドリ　リンカーン・チルドレンズ動物園（米国ネブラスカ州）
www.lincolnzoo.org
4-5：ナンヨウセイコウチョウ　プルゼニ動物園（チェコ）　www.zooplzen.cz
4-5：カノコスズメ　プルゼニ動物園（チェコ）　www.zooplzen.cz
4-5：サクラスズメ　プルゼニ動物園（チェコ）　www.zooplzen.cz
4-5：シマコキン　プルゼニ動物園（チェコ）　www.zooplzen.cz
4-5：キバシキンセイチョウ　プルゼニ動物園（チェコ）　www.zooplzen.cz
4-5：サクラスズメ　プルゼニ動物園（チェコ）　www.zooplzen.cz
4-5：コマチスズメ　プルゼニ動物園（チェコ）　www.zooplzen.cz
4-5：フヨウチョウ　プルゼニ動物園（チェコ）　www.zooplzen.cz
4-5：コモンチョウ　プルゼニ動物園（チェコ）　www.zooplzen.cz
4-5：コキンチョウ　プルゼニ動物園（チェコ）　www.zooplzen.cz
6-7：シロハラカワセミ　赤道ギニア、ビオコ島
9：アオツラミツスイ　プルゼニ動物園（チェコ）　www.zooplzen.cz
13：ケープペンギン　ユタズ・ホーグル動物園（米国ユタ州）　www.hoglezoo.org
14：メキシコマシコ　R・A・ブラウン・ランチ（米国テキサス州）
www.rabrownranch.com
17：オオキアシシギ　タルサ動物園（米国オクラホマ州）　www.tulsazoo.org

1／鳥という生き物

18：ニヨオウインコ　セジウィック郡動物園（米国カンザス州）　www.scz.org
18：アメリカチョウゲンボウ　ブランブル・パーク動物園（米国サウスダコタ州）
www.brambleparkzoo.com
18：ミナミイワトビペンギン　オマハズ・ヘンリー・ドーリー動物園（米国ネブラスカ州）　www.omahazoo.com
18：コオバシギ　ニュージャージー野生動物保護財団（米国ニュージャージー州）
www.conservewildlifenj.org
18：マガモ　米国ネブラスカ州リンカーン
18：ベニジュケイ　シルバン・ハイツ・バードパーク（米国ノースカロライナ州）
www.shwpark.com
18：ミノバト　オマハズ・ヘンリー・ドーリー動物園（米国ネブラスカ州）
www.omahazoo.com
19：タテジマフクロウ　エル・ニスペロ動物園（パナマ共和国）
19：アカコブバト　ヒューストン動物園（米国テキサス州）　www.houstonzoo.org
19：ヒクイドリ　グラディス・ポーター動物園（米国テキサス州）　www.gpz.org
19：ミヤマオウム　ウェリントン動物園（ニュージーランド）
www.wellingtonzoo.com
19：クジャクバト　グラディス・ポーター動物園（米国テキサス州）　www.gpz.org
20：カンムリエボシドリ　ヒューストン動物園（米国テキサス州）
www.houstonzoo.org
22-23：リオグランデシチメンチョウ　シャイアンマウンテン動物園（米国コロラド州）
www.cmzoo.org
24-25：アフリカオオコノハズク　シンシナティ動物園（米国オハイオ州）
www.cincinnatizoo.org
26-27：ヒクイドリ　グラディス・ポーター動物園（米国テキサス州）　www.gpz.org
28：オオシギダチョウ　エル・ニスペロ動物園（パナマ共和国）
29：カンムリシギダチョウ　ダラス・ワールド水族館（米国テキサス州）
www.dwazoo.com
30：カンムリバト　オマハズ・ヘンリー・ドーリー動物園（米国ネブラスカ州）
www.omahazoo.com
31：シロボウシバト　個人施設
31：タンブラーピジョン　グラディス・ポーター動物園（米国テキサス州）　www.gpz.org
31：クジャクバト　グラディス・ポーター動物園（米国テキサス州）　www.gpz.org
31：ウスユキバト　ヒールズビル・サンクチュアリー（オーストラリア）
www.zoo.org.au/healesville
31：アカコブバト　ヒューストン動物園（米国テキサス州）　www.houstonzoo.org
31：ミノバト　シンシナティ動物園（米国オハイオ州）　www.cincinnatizoo.org
32-33：セイラン　ヒューストン動物園（米国テキサス州）　www.houstonzoo.org
34：ニヨオウインコ　セジウィック郡動物園（米国カンザス州）　www.scz.org
35：ミノバト　シンシナティ動物園（米国オハイオ州）
www.cincinnatizoo.org
36-37：キンケイ　ブランブル・パーク動物園（米国サウスダコタ州）
www.brambleparkzoo.com
38：ベニジュケイ　シルバン・ハイツ・バードパーク（米国ノースカロライナ州）
www.shwpark.com
39：チリーフラミンゴ　グラディス・ポーター動物園（米国テキサス州）
www.gpz.org
39：タテジマフクロウ　エル・ニスペロ動物園（パナマ共和国）
39：カンムリサケビドリ　カンザスシティ動物園（米国ミズーリ州）
www.kansascityzoo.org
39：ハジロカイツブリ　インターナショナル・バード・レスキュー（米国カリフォルニア州）　www.bird-rescue.org
39：ニワトリ　ソウクップ・ファームズ（米国ニューヨーク州）
www.soukupfarms.com
40-41：ハシビロコウ　ヒューストン動物園（米国テキサス州）
www.houstonzoo.org

42：ヘビクイワシ　トロント動物園（カナダ）　www.torontozoo.com
43：ツノメドリ　モントレー・ベイ水族館（米国カリフォルニア州）
www.montereybayaquarium.org
44：ミナミイワトビペンギン　オマハズ・ヘンリー・ドーリー動物園（米国ネブラスカ州）　www.omahazoo.com
44：アカノガンモドキ　プルゼニ動物園（チェコ）　www.zooplzen.cz
44：アメリカチョウゲンボウ　リンカーン・チルドレンズ動物園（米国ネブラスカ州）
www.lincolnzoo.org
44：アメリカオシ　リンカーン・チルドレンズ動物園（米国ネブラスカ州）
www.lincolnzoo.org
44：ホオジロエボシドリ　ブランブル・パーク動物園（米国サウスダコタ州）
www.brambleparkzoo.com
45：アメリカシロヅル　オーデュボン自然研究所（米国ルイジアナ州）
www.audubonnatureinstitute.org
45：クロワシミミズク　アトランタ動物園（米国ジョージア州）
www.zooatlanta.org
45：ミヤマオウム　ウェリントン動物園（ニュージーランド）
www.wellingtonzoo.com
46-47：フサホロホロチョウ　リンカーン・チルドレンズ動物園（米国ネブラスカ州）
www.lincolnzoo.org

2／第一印象

48：クルマサカオウム　パロッツ・イン・パラダイス（オーストラリア）
www.parrotsinparadise.net
48：アフリカヘラサギ　ヒューストン動物園（米国テキサス州）
www.houstonzoo.org
48：イヌワシ　ポイントデファイアンス動物園・水族館（米国ワシントン州）
www.pdza.org
48：ジェンツーペンギン　オマハズ・ヘンリー・ドーリー動物園（米国ネブラスカ州）
www.omahazoo.com
48：ミナミアカサイチョウ　ジュロン・バードパーク（シンガポール）
www.birdpark.com.sg
48：ノドアカハチドリ　米国ネブラスカ州オマハ
48：インドクジャク　リンカーン・チルドレンズ動物園（米国ネブラスカ州）
www.lincolnzoo.org
48：マナヅル　コロンバス動物園・水族館（米国オハイオ州）
www.columbuszoo.org
49：イナゴヒメドリ　キシミー・プレーリー保全州立公園（米国フロリダ州）
www.floridastateparks.org/kissimmeeprairie
49：チゴハヤブサ　ブダペスト動物園（ハンガリー）　www.zoobudapest.com
49：セイキチョウ　個人施設
49：ノースアイランドブラウンキーウィ　キーウィ・バードライフ・パーク（ニュージーランド）　www.kiwibird.co.nz
49：エトピリカ　オマハズ・ヘンリー・ドーリー動物園（米国ネブラスカ州）
www.omahazoo.com
50：カンムリヅル　コロンバス動物園・水族館（米国オハイオ州）
www.columbuszoo.org
52-53：アサギリチョウ　タルサ動物園（米国オクラホマ州）　www.tulsazoo.org
52-53：ルリガシラセイキチョウ　タルサ動物園（米国オクラホマ州）
www.tulsazoo.org
52-53：オオイッコウチョウ　タルサ動物園（米国オクラホマ州）
www.tulsazoo.org
52-53：キンセイチョウ　タルサ動物園（米国オクラホマ州）
www.tulsazoo.org
54-55：インドクジャク　リンカーン・チルドレンズ動物園（米国ネブラスカ州）
www.lincolnzoo.org
56-57：シロハヤブサ　ポイントデファイアンス動物園・水族館（米国ワシントン州）
www.pdza.org
58-59：ジェンツーペンギン　オマハズ・ヘンリー・ドーリー動物園
（米国ネブラスカ州）www.omahazoo.com
60：チゴハヤブサ　ブダペスト動物園（ハンガリー）　www.zoobudapest.com
61：イヌワシ　ポイントデファイアンス動物園・水族館（米国ワシントン州）
www.pdza.org
62：ダチョウ　オマハズ・ヘンリー・ドーリー動物園（米国ネブラスカ州）
www.omahazoo.com
63：キボシホウセキドリ　個人施設
64：カナダヅル　ジョージ・M・サットン鳥類研究センター（米国オクラホマ州）
www.suttoncenter.org
64：マナヅル　コロンバス動物園・水族館（米国オハイオ州）
www.columbuszoo.org
64：コウノトリ　蘇州動物園（中国）
65：アフリカトキコウ　リビング・デザート・ズー・アンド・ガーデンズ
（米国カリフォルニア州）　www.livingdesert.org
66：イナゴヒメドリ　キシミー・プレーリー保全州立公園（米国フロリダ州）
www.floridastateparks.org/kissimmeeprairie
67：キゴシヒメゴシキドリ　赤道ギニア、ビオコ島
68-69：ノースアイランドブラウンキーウィ　キーウィ・バードライフ・パーク
（ニュージーランド）www.kiwibird.co.nz
70-71：ダルマワシ　ロサンゼルス動物園（米国カリフォルニア州）　www.lazoo.org
72：オシドリ　個人施設
72：フクロウオウム　ジーランディア（ニュージーランド）　www.visitzealandia.com
72：コンドル　タンパズ・ロウリーパーク動物園（米国フロリダ州）
www.lowryparkzoo.com
72：ダイサギ　コールドウェル動物園（米国テキサス州）　www.caldwellzoo.org
72：アフリカヘラサギ　ヒューストン動物園（米国テキサス州）
www.houstonzoo.org
72：ホオダレホウカンチョウ　コールドウェル動物園（米国テキサス州）
www.caldwellzoo.org
72：ペルーペリカン　ジュロン・バードパーク（シンガポール）
www.birdpark.com.sg
73：サイチョウ　サンタバーバラ動物園（米国カリフォルニア州）
www.sbzoo.org
73：エトピリカ　オマハズ・ヘンリー・ドーリー動物園（米国ネブラスカ州）
www.omahazoo.com
73：ベニイロフラミンゴ　リンカーン・チルドレンズ動物園（米国ネブラスカ州）
www.lincolnzoo.org
73：ムネアカイカル　コロンバス動物園・水族館（米国オハイオ州）
www.columbuszoo.org
73：フタオビチュウハシ　ダラス・ワールド水族館（米国テキサス州）
www.dwazoo.com
74：オーストラリアガマグチヨタカ　ペリカン・アンド・シーバード・レスキュー・インク（オーストラリア）　www.pelicanandseabirdrescue.org.au
75：ナンベイレンカク　コロンビア国立鳥類動物園（コロンビア）
www.acopazoa.org
76-77：ニジキジ　サンタバーバラ動物園（米国カリフォルニア州）
www.sbzoo.org
78：ベニコンゴウインコ　ワールド・バード・サンクチュアリー（米国ミズーリ州）
www.worldbirdsanctuary.org

78：アカボウシインコ　希少種保護財団（米国フロリダ州）
www.rarespecies.org
78：オトメズグロインコ　インディアナポリス動物園（米国インディアナ州）
www.indianapoliszoo.com
78：ルリコンゴウインコ　パロッツ・イン・パラダイス（オーストラリア）
www.parrotsinparadise.net
78：キモモシロハラインコ　希少種保護財団（米国フロリダ州）
www.rarespecies.org
78：モモイロインコ　個人施設
78：キホオボウシインコ　ワールド・バード・サンクチュアリー（米国ミズーリ州）
www.worldbirdsanctuary.org
78：スミレコンゴウインコ　フォートワース動物園（米国テキサス州）
www.fortworthzoo.org
79：アカハラワカバインコ　ヒールズビル・サンクチュアリー（オーストラリア）
www.zoo.org.au/healesville
80-81：ショウジョウトキ　コールドウェル動物園（米国テキサス州）
www.caldwellzoo.org

3／飛翔

82：メンフクロウ　カムラ・ネルー・ズーロジカル・ガーデン（インド）
www.ahmedabadzoo.in
82：アネハヅル　シルバン・ハイツ・バードパーク（米国ノースカロライナ州）
www.shwpark.com
82：クロコンドル　ワイルドケア財団（米国オクラホマ州）
www.wildcareoklahoma.org
82：カワセミ　アルペン動物園（オーストリア）　www.alpenzoo.at
82：ポーリッシュ系ニワトリ　ソウクップ・ファームズ（米国ニューヨーク州）
www.soukupfarms.com
82：アカサカオウム　パロッツ・イン・パラダイス（オーストラリア）
www.parrotsinparadise.net
82：ヒゲペンギン　ニューポート水族館（米国ケンタッキー州）
www.newportaquarium.com
83：ヨーロッパアマツバメ　ブダペスト動物園（ハンガリー）
www.zoobudapest.com
83：ノドグロコウカンチョウ　ミラーパーク動物園（米国イリノイ州）
www.mpzs.org
83：タイハクオウム　ブランブル・パーク動物園（米国サウスダコタ州）
www.brambleparkzoo.com
83：アカカザリフウチョウ　トレイシー鳥類動物園（米国ユタ州）
www.tracyaviary.org
84：オニアジサシ　トレイシー鳥類動物園（米国ユタ州）
www.tracyaviary.org
86-87：ヒゲペンギン　ニューポート水族館（米国ケンタッキー州）
www.newportaquarium.com
88-89：アカカザリフウチョウ　シンシナティ動物園（米国オハイオ州）
www.cincinnatizoo.org
90：メンフクロウ　カムラ・ネルー・ズーロジカル・ガーデン（インド）
www.ahmedabadzoo.in
91：ホンケワタガモ　シルバン・ハイツ・バードパーク（米国ノースカロライナ州）
www.shwpark.com
92：テンジクバタン　ヒールズビル・サンクチュアリー（オーストラリア）
www.zoo.org.au/healesville
93：キバタン　ミネソタ動物園（米国ミネソタ州）　www.mnzoo.org
93：オカメインコ　リバーサイド・ディスカバリー・センター（米国ネブラスカ州）
www.riversidediscoverycenter.org
93：ヤシオウム　ジュロン・バードパーク（シンガポール）　www.birdpark.com.sg
93：アカサカオウム　パロッツ・イン・パラダイス（オーストラリア）
www.parrotsinparadise.net
93：コバタン　ジュロン・バードパーク（シンガポール）　www.birdpark.com.sg
94-95：ヨーロッパアマツバメ　ブダペスト動物園（ハンガリー）
www.zoobudapest.com
96：チャガシラショウビン　ゴロンゴーザ国立公園（モザンビーク）
www.gorongosa.org
97：シロエリハチドリ　パナマ、ガンボア
98-99：ヒメハジロ　シルバン・ハイツ・バードパーク（米国ノースカロライナ州）
www.shwpark.com
100-101：イッコウチョウ　タルサ動物園（米国オクラホマ州）　www.tulsazoo.org
102-103：カリガネ　シルバン・ハイツ・バードパーク（米国ノースカロライナ州）
www.shwpark.com
104：ムラサキテリムクドリ　カンザスシティ動物園（米国ミズーリ州）
www.kansascityzoo.org
104：ツキノワテリムク　オマハズ・ヘンリー・ドーリー動物園（米国ネブラスカ州）
www.omahazoo.com
104：キンムネオナガテリムク　アトランタ動物園（米国ジョージア州）
www.zooatlanta.org
104：オナガテリムク　個人施設
104：クビワムクドリ　プルゼニ動物園（チェコ）　www.zooplzen.cz
105：エメラルドテリムク　プルゼニ動物園（チェコ）　www.zooplzen.cz
105：ソデグロムクドリ　ジュロン・バードパーク（シンガポール）
www.birdpark.com.sg
105：ムラサキテリムクドリ　トピーカ動物園（米国カンザス州）
www.topekazoo.org
106：キョクアジサシ　バトンウッド・パーク動物園（米国マサチューセッツ州）
www.bpzoo.org
108-109：シロエリハゲワシ　シャイアンマウンテン動物園（米国コロラド州）
www.cmzoo.org
110：アネハヅル　シルバン・ハイツ・バードパーク（米国ノースカロライナ州）
www.shwpark.com
111：シュバシコウ　リンカーン・チルドレンズ動物園（米国ネブラスカ州）
www.lincolnzoo.org

4／食べ物

112：ヨーロッパアオゲラ　ブダペスト動物園（ハンガリー）
www.zoobudapest.com
112：カンムリカラカラ　グラディス・ポーター動物園（米国テキサス州）
www.gpz.org
112：チュウシャクシギ　コロンビア国立鳥類動物園（コロンビア）
www.acopazoa.org
112：ミナミガラス　ペリカン・アンド・シーバード・レスキュー・インク（オーストラリア）
www.pelicanandseabirdrescue.org.au
112：シロムネオオハシ　アラバマ・ガルフ・コースト動物園（米国アラバマ州）
www.alabamagulfcoastzoo.org
112：フエコチドリ　米国ネブラスカ州ノースベンド
113：カオジロサイチョウ　タンパズ・ロウリーパーク動物園（米国フロリダ州）
www.lowryparkzoo.com
113：カラフトフクロウ　トンプソンパーク・ニューヨーク州立動物園（米国ニュー

ヨーク州） www.nyszoo.org
113：ドングリキツツキ ワイルドライフ・イメージズ・リハビリテーション・アンド・エデュケーション・センター（米国オレゴン州）
www.wildlifeimages.org
113：コフラミンゴ クリーブランド・メトロパークス動物園（米国オハイオ州）
www.clevelandmetroparks.com/zoo
113：ミミハゲワシ パームビーチ動物園（米国フロリダ州）
www.palmbeachzoo.org
114：ミナミガラス ペリカン・アンド・シーバード・レスキュー・インク（オーストラリア） www.pelicanandseabirdrescue.org.au
116-117：キョウジョシギ ニュージャージー野生動物保護財団（米国ニュージャージー州） www.conservewildlifenj.org
118-119：カラフトフクロウ トンプソンパーク・ニューヨーク州立動物園（米国ニューヨーク州） www.nyszoo.org
120-121：アレチノスリ ラプターリカバリー（米国ネブラスカ州）
www.fontenelleforest.org/raptor-recovery
122：ハゲガオカザリドリ ダラス・ワールド水族館（米国テキサス州）
www.dwazoo.com
123：チャックウィルヨタカ ウィチタ・マウンテンズ国立野生動物保護区（米国オクラホマ州）
124-125：チュウシャクシギ コロンビア国立鳥類動物園（コロンビア）
www.acopazoa.org
126：ジサイチョウ ロサンゼルス動物園（米国カリフォルニア州）
www.lazoo.org
127：カオグロサイチョウ プルゼニ動物園（チェコ） www.zooplzen.cz
127：ズグロサイチョウ ペナン州バードパーク（マレーシア）
www.penangbirdpark.com.my
127：シワコブサイチョウ トレイシー鳥類動物園（米国ユタ州）
www.tracyaviary.org
127：カオジロサイチョウ タンパズ・ロウリーパーク動物園（米国フロリダ州）
www.lowryparkzoo.com
127:アカハシコサイチョウ オマハズ・ヘンリー・ドーリー動物園（米国ネブラスカ州）
www.omahazoo.com
128-129：コフラミンゴ クリーブランド・メトロパークス動物園（米国オハイオ州）
www.clevelandmetroparks.com/zoo
130：コシグロペリカン プルゼニ動物園（チェコ） www.zooplzen.cz
131：カツオドリ インターナショナル・バード・レスキュー（米国カリフォルニア州）
www.bird-rescue.org
132：ミズカキチドリ モントレー・ベイ水族館（米国カリフォルニア州）
www.montereybayaquarium.org
132：フタオビチドリ コロンバス動物園・水族館（米国オハイオ州）
www.columbuszoo.org
132：ナンベイタゲリ パームビーチ動物園（米国フロリダ州）
www.palmbeachzoo.org
132：ツメバゲリ ヒューストン動物園（米国テキサス州） www.houstonzoo.org
132：ズグロトサカゲリ シルバン・ハイツ・バードパーク（米国ノースカロライナ州）
www.shwpark.com
132：ダイゼン マラソン野生鳥類センター（米国フロリダ州）
www.marathonwildbirdcenter.org
133：ズグロトサカゲリ 個人施設
133：ユキチドリ モントレー・ベイ水族館（米国カリフォルニア州）
www.montereybayaquarium.org
133：フエコチドリ 米国ネブラスカ州フリーモント
134-135：オウサマペンギン インディアナポリス動物園（米国インディアナ州）
www.indianapoliszoo.com
136-137：ケープハゲワシ シャイアンマウンテン動物園（米国コロラド州）
www.cmzoo.org
138：ヒマラヤハゲワシ アッサム州立動物園・植物園（インド）
forest.assam.gov.in
138：エジプトハゲワシ パルコ・ナトゥラ・ビーバ（イタリア）
www.parconaturaviva.it
138：オオキガシラコンドル セジウィック郡動物園（米国カンザス州）
www.scz.org
138：ベンガルハゲワシ カムラ・ネルー・ズーロジカル・ガーデン（インド）
www.ahmedabadzoo.in
138：クロハゲワシ リビング・デザート・ズー・アンド・ガーデンズ（米国カリフォルニア州） www.livingdesert.org
139：ミミハゲワシ パームビーチ動物園（米国フロリダ州）
www.palmbeachzoo.org
139：クロコンドル シルバン・ハイツ・バードパーク（米国ノースカロライナ州）
www.shwpark.com
139：ヤシハゲワシ ジュロン・バードパーク（シンガポール）
www.birdpark.com.sg
140-141：トキイロコンドル グラディス・ポーター動物園（米国テキサス州）
www.gpz.org

5／次の世代

142：ハワイガン シルバン・ハイツ・バードパーク（米国ノースカロライナ州）
www.shwpark.com
142：オウゴンアメリカムシクイ バージニア水族館・海洋科学センター（米国バージニア州） www.virginiaaquarium.com
142：キンショウジョウインコ パロッツ・イン・パラダイス（オーストラリア）
www.parrotsinparadise.net
142：ウミガラス ネブラスカ州立大学博物館（米国ネブラスカ州）
www.museum.unl.edu
142：エトロフウミスズメ シンシナティ動物園（米国オハイオ州）
www.cincinnatizoo.org
142：ウズラクイナ プルゼニ動物園（チェコ） www.zooplzen.cz
142：アンデスイワドリ コロンビア国立鳥類動物園（コロンビア）
www.acopazoa.org
143：コトドリ ヒールズビル・サンクチュアリー（オーストラリア）
www.zoo.org.au/healesville
143：マナヅル コロンバス動物園・水族館（米国オハイオ州）
www.columbuszoo.org
143：コクチョウ カンザスシティ動物園（米国ミズーリ州）
www.kansascityzoo.org
143:クロエリハクチョウ シルバン・ハイツ・バードパーク（米国ノースカロライナ州）
www.shwpark.com
143：フクロウ プルゼニ動物園（チェコ） www.zooplzen.cz
144：キンショウジョウインコ パロッツ・イン・パラダイス（オーストラリア）
www.parrotsinparadise.net
146-147：コトドリ ヒールズビル・サンクチュアリー（オーストラリア）
www.zoo.org.au/healesville
148-149:クビワコガモ シルバン・ハイツ・バードパーク（米国ノースカロライナ州）
www.shwpark.com
150：コザクラインコ タンパズ・ロウリーパーク動物園（米国フロリダ州）
www.lowryparkzoo.com
151：エトロフウミスズメ シンシナティ動物園（米国オハイオ州）
www.cincinnatizoo.org

152-153：エボシコクジャク　フェザント・ヘブン（米国ノースカロライナ州）
154-155：ウズラクイナ　プルゼニ動物園（チェコ）
www.zooplzen.cz
156：モリツグミ　セント・フランシス野生動物協会（米国フロリダ州）
www.stfranciswildlife.org
157：キンイロオオムシクイ　オクラホマシティ動物園（米国オクラホマ州）
www.okczoo.org
157：ツチイロヤブチメドリ　カムラ・ネルー・ズーロジカル・ガーデン（インド）
www.ahmedabadzoo.in
157:キガシラムクドリモドキ　ニューメキシコ野生動物センター（米国ニューメキシコ州）
www.thewildlifecenter.org
157：ソウシチョウ　ヒューストン動物園（米国テキサス州）
www.houstonzoo.org
157:オウゴンアメリカムシクイ　バージニア水族館・海洋科学センター（米国バージニア州）
www.virginiaaquarium.com
159：カナダヅル　グレートプレーンズ動物園（米国サウスダコタ州）
www.greatzoo.org
160：カタカケフウチョウ　ヒューストン動物園（米国テキサス州）
www.houstonzoo.org
161：ベニフウチョウ　ヒューストン動物園（米国テキサス州）
www.houstonzoo.org
162-163：アンデスイワドリ　コロンビア国立鳥類動物園（コロンビア）
www.acopazoa.org
164-165：アオバネワライカワセミ　ヒューストン動物園（米国テキサス州）
www.houstonzoo.org
166：コクチョウ　カンザスシティ動物園（米国ミズーリ州）
www.kansascityzoo.org
166：コハクチョウ　シルバン・ハイツ・バードパーク（米国ノースカロライナ州）
www.shwpark.com
166:クロエリハクチョウ　オマハズ・ヘンリー・ドーリー動物園（米国ネブラスカ州）
www.omahazoo.com
166：コクチョウ　シルバン・ハイツ・バードパーク（米国ノースカロライナ州）
www.shwpark.com
167：ナキハクチョウ　ヒューストン動物園（米国テキサス州）
www.houstonzoo.org
167：オオハクチョウ　シルバン・ハイツ・バードパーク（米国ノースカロライナ州）
www.shwpark.com
167:クロエリハクチョウ　シルバン・ハイツ・バードパーク（米国ノースカロライナ州）
www.shwpark.com
168：ワシミミズク　アトランタ動物園（米国ジョージア州）
www.zooatlanta.org
169：アフリカワシミミズク　プルゼニ動物園（チェコ）　www.zooplzen.cz
170-171：キンガシラカザリキヌバネドリ　ヒューストン動物園（米国テキサス州）
www.houstonzoo.org
172：クロワシミミズク　アトランタ動物園（米国ジョージア州）
www.zooatlanta.org
172：ウミガラス　ネブラスカ州立大学博物館（米国ネブラスカ州）
www.museum.unl.edu
172：オオクロムクドリモドキ　個人施設
172：ニシタイランチョウ　個人施設
172：コガタペンギン　シンシナティ動物園（米国オハイオ州）
www.cincinnatizoo.org
172：ハワイガン　シルバン・ハイツ・バードパーク（米国ノースカロライナ州）
www.shwpark.com
173：チリーフラミンゴ　ヒューストン動物園（米国テキサス州）
www.houstonzoo.org
173：フクロウ　プルゼニ動物園（チェコ）　www.zooplzen.cz
173：ヒメハジロ　国立ミシシッピ川博物館・水族館（米国アイオワ州）
www.rivermuseum.com
174：ナキハチクイモドキ　コロンビア国立鳥類動物園（コロンビア）
www.acopazoa.org
175：ヨーロッパハチクイ　ブダペスト動物園（ハンガリー）
www.zoobudapest.com

6／鳥の頭脳

176：コガネメキシコインコ　ブランブル・パーク動物園（米国サウスダコタ州）
www.brambleparkzoo.com
176：サンジャク　ヒューストン動物園（米国テキサス州）
www.houstonzoo.org
176：ハイイロツチスドリ　ヒールズビル・サンクチュアリー（オーストラリア）
www.zoo.org.au/healesville
176：ヒガシキバシコサイチョウ　インディアナポリス動物園（米国インディアナ州）
www.indianapoliszoo.com
176：キタゴシキタイヨウチョウ　赤道ギニア、ビオコ島
176：ムナジロガラス　オーシャンパーク（中国、香港）
www.oceanpark.com.hk
176：ミミヒメウ　シンシナティ動物園（米国オハイオ州）
www.cincinnatizoo.org
177：ワタリガラス　ロサンゼルス動物園（米国カリフォルニア州）　www.lazoo.org
177：ヨウム　ダラス動物園（米国テキサス州）　www.dallaszoo.com
177：アデリーペンギン　ファウニア（スペイン）　www.faunia.es
177：オオハナインコ　パロッツ・イン・パラダイス（オーストラリア）
www.parrotsinparadise.net
177：ハイイロガン　シルバン・ハイツ・バードパーク（米国ノースカロライナ州）
www.shwpark.com
178：アデリーペンギン　ファウニア（スペイン）　www.faunia.es
180-181：コモンチョウ　メルボルン動物園（オーストラリア）
www.zoo.org.au/melbourne
182-183：サンジャク　ヒューストン動物園（米国テキサス州）
www.houstonzoo.org
184-185:コガネメキシコインコ　ブランブル・パーク動物園（米国サウスダコタ州）
www.brambleparkzoo.com
186：バン　個人施設
187：ルリオーストラリアムシクイ　ヒールズビル・サンクチュアリー（オーストラリア）
www.zoo.org.au/healesville
188：ミドリコンゴウインコ　デンバー動物園（米国コロラド州）
www.denverzoo.org
188-189：ルリコンゴウインコ　デンバー動物園（米国コロラド州）
www.denverzoo.org
190：ハイイロツチスドリ　ヒールズビル・サンクチュアリー（オーストラリア）
www.zoo.org.au/healesville
191：ウミガラス　オマハズ・ヘンリー・ドーリー動物園（米国ネブラスカ州）
www.omahazoo.com
192-193：ムナジロガラス　オーシャンパーク（中国、香港）
www.oceanpark.com.hk
194：アカノドハチクイ　オクラホマシティ動物園（米国オクラホマ州）
www.okczoo.org

194：ハイイロホシガラス　ネブラスカ大学リンカーン校（米国ネブラスカ州）
www.unl.edu
194：イエガラス　カムラ・ネルー・ズーロジカル・ガーデン（インド）
www.ahmedabadzoo.in
194：オオハナインコ　パロッツ・イン・パラダイス（オーストラリア）
www.parrotsinparadise.net
194：コリーカンムリサンジャク　ヒューストン動物園（米国テキサス州）
www.houstonzoo.org
194：アメリカガラス　ジョージ・M・サットン鳥類研究センター（米国オクラホマ州）
www.suttoncenter.org
195：オナガ　ネブラスカ大学リンカーン校（米国ネブラスカ州）
www.unl.edu
195：ルリサンジャク　ヒューストン動物園（米国テキサス州）
www.houstonzoo.org
195：フロリダカケス　米国フロリダ州ケープカナベラル
195：ズキンガラス　ブダペスト動物園（ハンガリー）
www.zoobudapest.com
195：ヨウム　ダラス動物園（米国テキサス州）
www.dallaszoo.com
196：ワタリガラス　ロサンゼルス動物園（米国カリフォルニア州）
www.lazoo.org
197：ミヤマオウム　ウェリントン動物園（ニュージーランド）
www.wellingtonzoo.com

7／未来

198：カリフォルニアコンドル　フェニックス動物園（米国アリゾナ州）
www.phoenixzoo.org
198：カカ　ウェリントン動物園（ニュージーランド）
www.wellingtonzoo.com
198：キバラカラカラ　ムニシパル・スンミト公園（パナマ共和国）
198：アオバネヤマフウキンチョウ　コロンビア国立鳥類動物園（コロンビア）
www.acopazoa.org
198：オオミチバシリ　ジョージ・M・サットン鳥類研究センター（米国オクラホマ州）
www.suttoncenter.org
198：ハジロモリガモ　シルバン・ハイツ・バードパーク（米国ノースカロライナ州）
www.shwpark.com
199：テリムクドリモドキ　トレイシー鳥類動物園（米国ユタ州）
www.tracyaviary.org
199：ハワイガン　グレートプレーンズ動物園（米国サウスダコタ州）
www.greatzoo.org
199：アメリカムラサキバン　バージニア水族館・海洋科学センター（米国バージニア州）
www.virginiaaquarium.com
199：ヒオウギインコ　ヒューストン動物園（米国テキサス州）
www.houstonzoo.org
199：トビ　チンバザザ動植物公園（マダガスカル）
200：コリンウズラ　フェニックス動物園（米国アリゾナ州）
www.phoenixzoo.org
202-203：カカ　ウェリントン動物園（ニュージーランド）
www.wellingtonzoo.com
204-205：アオコブホウカンチョウ　コロンビア国立鳥類動物園（コロンビア）
www.acopazoa.org
206：ソデグロヅル　タルサ動物園（米国オクラホマ州）
www.tulsazoo.org
207：ホオアカトキ　ヒューストン動物園（米国テキサス州）　www.houstonzoo.org
208-209：ハジロモリガモ　シルバン・ハイツ・バードパーク（米国ノースカロライナ州）　www.shwpark.com
210-211：カリフォルニアコンドル　フェニックス動物園（米国アリゾナ州）
www.phoenixzoo.org
212-213：アメリカトキコウ　セジウィック郡動物園（米国カンザス州）
www.scz.org
214：ハワイノスリ　ヒューストン動物園（米国テキサス州）　www.houstonzoo.org
214：レイサンマガモ　オマハズ・ヘンリー・ドーリー動物園（米国ネブラスカ州）
www.omahazoo.com
214：ソウゲンライチョウ　コールドウェル動物園（米国テキサス州）
www.caldwellzoo.org
214：マダガスカルメジロガモ　メジロガモ繁殖センター（マダガスカル）
214：カートランドアメリカムシクイ　米国ミシガン州マイオ
214：カンムリシロムク　シャイアンマウンテン動物園（米国コロラド州）
www.cmzoo.org
214：ホオジロシマアカゲラ　ノースカロライナ動物園（米国ノースカロライナ州）
www.nczoo.org
215：グアムクイナ　セジウィック郡動物園（米国カンザス州）　www.scz.org
215：ハワイガン　シルバン・ハイツ・バードパーク（米国ノースカロライナ州）
www.shwpark.com
215：ソコロナゲキバト　トレイシー鳥類動物園（米国ユタ州）
www.tracyaviary.org
215：モモイロバト　セジウィック郡動物園（米国カンザス州）　www.scz.org
215：コサンケイ　フェザント・ヘブン（米国ノースカロライナ州）
216-217：カワラバト　個人施設
218：インドハッカ　個人施設
219：イエスズメ　米国ネブラスカ州リンカーン
221：ハクトウワシ　ジョージ・M・サットン鳥類研究センター（米国オクラホマ州）
www.suttoncenter.org
222：オオコノハズク　ペナン州バードパーク（マレーシア）
www.penangbirdpark.com.my
222：アオクビフウキンチョウ　コロンビア国立鳥類動物園（コロンビア）
www.acopazoa.org
222：キバラカラカラ　ムニシパル・スンミト公園（パナマ共和国）
222：オウギワシ　ロサンゼルス動物園（米国カリフォルニア州）
www.lazoo.org
222：キビタイヒメアオバト　プルゼニ動物園（チェコ）
www.zooplzen.cz
223：ミカズキインコ　パロッツ・イン・パラダイス（オーストラリア）
www.parrotsinparadise.net
223：クロアカヒロハシ　ペナン州バードパーク（マレーシア）
www.penangbirdpark.com.my
223：ルリミツドリ　ミラーパーク動物園（米国イリノイ州）
www.mpzs.org
224：ヒオウギインコ　ヒューストン動物園（米国テキサス州）
www.houstonzoo.org
225：アメリカムラサキバン　バージニア水族館・海洋科学センター（米国バージニア州）
www.virginiaaquarium.com
226-227：オジロノスリ　コロンビア国立鳥類動物園（コロンビア）
www.acopazoa.org

ナショナル ジオグラフィック協会は、米国ワシントンD.C.に本部を置く、世界有数の非営利の科学・教育団体です。
1888年に「地理知識の普及と振興」をめざして設立されて以来、
1万3000件以上の研究調査・探検プロジェクトを支援し、「地球」の姿を世界の人々に紹介しています。
ナショナル ジオグラフィック協会は、これまでに世界41のローカル版が発行されてきた月刊誌
「ナショナル ジオグラフィック」のほか、雑誌や書籍、テレビ番組、インターネット、地図、
さらにさまざまな教育・研究調査・探検プロジェクトを通じて、世界の人々の相互理解や地球環境の保全に取り組んでいます。
日本では、日経ナショナル ジオグラフィック社を設立し、
1995年4月に創刊した「ナショナル ジオグラフィック日本版」をはじめ、書籍、DVDなどを発行しています。

ナショナル ジオグラフィック日本版のホームページ
nationalgeographic.jp

ナショナル ジオグラフィック日本版のホームページでは、音声、画像、映像など
多彩なコンテンツによって、「地球の今」を皆様にお届けしています。

PHOTO ARK 鳥の箱舟 絶滅から動物を守る撮影プロジェクト

2018年5月28日 第1版1刷

写真 ジョエル・サートレイ
文 ノア・ストリッカー
訳者 藤井留美
日本語版監修 川上和人
(国立研究開発法人 森林研究・整備機構
森林総合研究所 主任研究員)
編集 尾崎憲和 葛西陽子
デザイン 宮坂 淳(snowfall)
編集協力 佐々木三奈
制作 クニメディア
発行者 中村尚哉
発行 日経ナショナル ジオグラフィック社
〒105-8308 東京都港区虎ノ門4-3-12
発売 日経BPマーケティング
印刷・製本 凸版印刷

ISBN978-4-86313-413-3
Printed in Japan